世界の人々の生活に役立つ日本製品

その町工場から世界へ

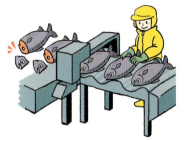

理論社

はじめに

現在、日本の主な輸出品は、自動車、半導体などの電子部品、鉄鋼です。

この3種類で日本の輸出総額75兆6,139億円の26％にもなります（資料：一般社団法人 日本貿易会統計・2015年）。

このような大きな金額を輸出しているわけではありませんが、「モノづくりニッポン」を象徴するような優れた製品が、日本全国の工場から世界各地に輸出されています。そして、作っているところは必ずしも巨大な工場ではなく、皆さんが毎日学校へ通う道から見える「その工場」であったりします。

それら工場の中では、数々の工夫と改良を施した製品が作られ、海を渡って、世界の人々の生活に役立っています。また、見えない部分に使われている製品も多く、目立ちにくいのですが、「この日本製の部品がなければ、うちの製品は作れない」と言わ

目次

モノづくりと地域の自然、
歴史との深いつながり ………… 4

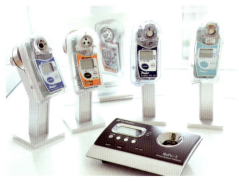

第1章 機械編

世界シェア70％！
自動イカ釣機 ……………… 6
東和電機製作所（北海道函館市）

国内シェア80％　海外シェア20％
サケの連続加工処理装置 …… 12
株式会社ニッコー（北海道釧路市）

国内シェア90％　世界121カ国で活躍！
菓子や食品の包あん機 ………… 18
レオン自動機株式会社（栃木県宇都宮市）

スペースシャトルの発射台でも使われる
絶対にゆるまないナット …… 24
ハードロック工業株式会社（大阪府東大阪市）

154カ国以上で使われている
液体を測る糖度・濃度計 ……… 30
株式会社アタゴ（東京都港区）

コラム　世界で活躍するGNT企業

れている物も数多くあります。

　このような製品を作っている会社に共通していることは、研究熱心であることや、高い技術力をもっていることと、もうひとつ「お客様の話をよく聞いてくる」ことにあります。最初に紹介する函館市にある「自動イカ釣機」の会社の社長さんは「『アルゼンチンからの呼出にも即座に函館から飛んでいく』徹底的なアフターサービス重視」と発言されています（経済産業省「グローバルニッチトップ企業100選表彰企業内容」より）。製品を使用しているお客様を大切にすることと、お客様の要望は新たな製品開発の大事なヒントであることがわかります。

　この本のシリーズのタイトルを「世界のあちこちでニッポン」としているのは、世界中にニッポン製品があることと、より良い製品を生み出すために、ニッポン人が世界中を駆け回っていることを紹介するためです。

第2章 食品・モノ編

世界が認める西尾の抹茶
あいやの抹茶 ……… 38
株式会社あいや（愛知県西尾市）

発酵食品や薬の素として海外でも活用
発酵食品に欠かせない種麹 ……… 44
株式会社秋田今野商店（秋田県大仙市）

2020 Tokyoでも公式球に採用！
バレーボール公式試合球 ……… 50
株式会社ミカサ（広島県広島市）

世界のセレブにも愛用される
白鳳堂の化粧筆 ……… 54
株式会社白鳳堂（広島県安芸郡熊野町）

医療用にも料理用にも使われて世界へ
超精密ピンセット ……… 60
幸和ピンセット工業株式会社（東京都葛飾区）

国内シェア70％以上　そして世界へ
ボールペンの微細バネ ……… 66
株式会社ミクロ発條（長野県諏訪市）

眼鏡製造の技術を医療器具に発展
高精度医療器具 ……… 72
株式会社シャルマン（福井県鯖江市）

統計資料　日本から世界へ ……… 78

モノづくりと地域の自然、歴史との深いつながり

ユニークな製品と、地域の自然や歴史との関係に注目しよう

「モノづくりニッポン」とよく言われます。この本で紹介する製品は、そう呼ばれるにふさわしい物ばかりです。その優秀さが世界の人々に認められて、多くの国々の人に利用されています。でも、製品の原点は、意外なことに生産地の自然環境や歴史にあったりします。

海に面した函館のようにイカ漁が盛んな地域ではイカを釣るための機械が求められ、性能も向上しました。

米作りに適さない塩風の吹く土地から、世界シェア100%へ

潮風が強く、米作りに適さない土地でも、温かい地方であれば綿を育てることができます。広島県福山地方では、江戸時代から綿を生産して、織物を生産していました。明治時代になって、これが備後絣に発展します。着物から洋服に着るものが変わり、絣の生産は少なくなっていきますが、この技術が生かされてジーンズの生地、デニムを生産するようになりました。その生地の品質の高さから、アメリカから注文が届くようになります。さらには高い技術力を必要とする、伸び縮みしやすく、さらさらとはき心地の良い特殊なデニム生地では、世界で使われるこの生地の全て（世界シェア100%）を生産する会社が現れました。

自然環境が世界的なブランドの基礎になった例です。

絣生地（写真上）から、伸び縮みしやすいデニム生地（写真下）へと、作られる製品は時代に合わせて変化します。

出稼ぎから世界トップブランドへ

昔の人々は、秋にお米の収穫を終えると、作物の育ちにくい寒い冬の間に何をして働き、少しでも収入を得るかということを考えていました。江戸時代は藩がその指導役をしていた例もたくさんあります。

広島県の熊野の人々は、冬の農閑期の出稼ぎで得たお金で筆や墨を仕入れ、それを売りながら故郷に帰ってきていました。その後、藩が筆を作ることを指導しました。明治時代になって習字が学校の授業科目となり、筆がたくさん作られるようになっていきます。この筆から、文字を書く筆ではない「道具としての筆」として、化粧用の筆、熊野筆のトップブランドが誕生してきます。世界中のモデルや俳優のメイクアップをする人々が大切に使う化粧筆になりました。

歴史的背景が一流品を生み出した例です。

ここに挙げた例はごく一部のものです。この本で紹介している12の製品についても同じように自然環境や、その町の歴史が製品誕生の背景にあることにも着目してください。

広島県の熊野筆のように、伝統技術に磨きをかけ、世界から認められた例は少なくありません。

第1章
機械編

大変だった力仕事や正確さが求められる作業を代わりにしてくれる機械など、世界の人からで喜ばれる「機械」を紹介します。

絶対にゆるまないナット

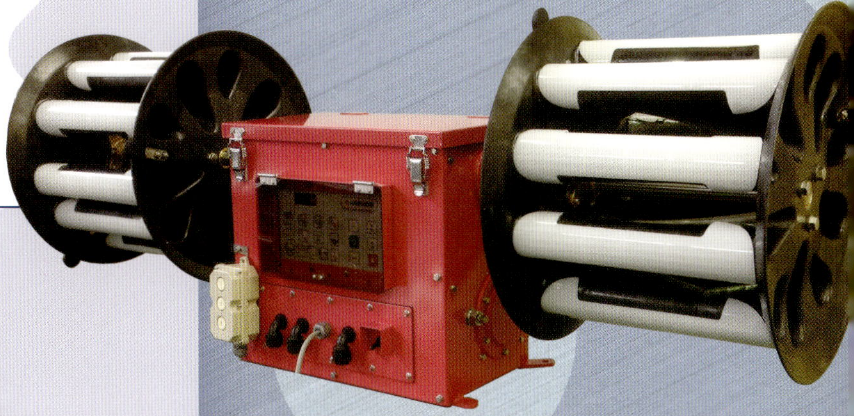

自動イカ釣機

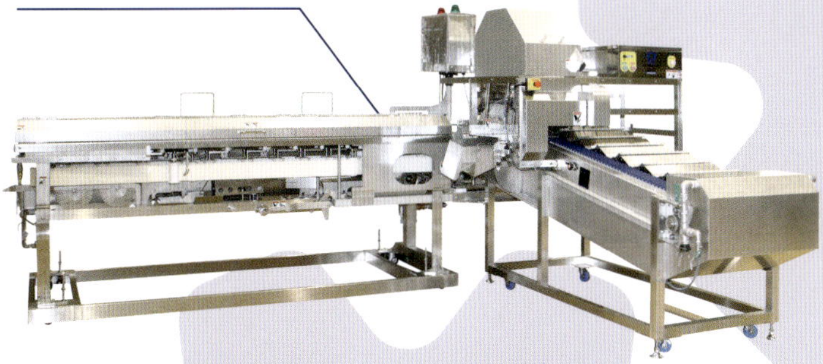

サケの連続加工処理装置

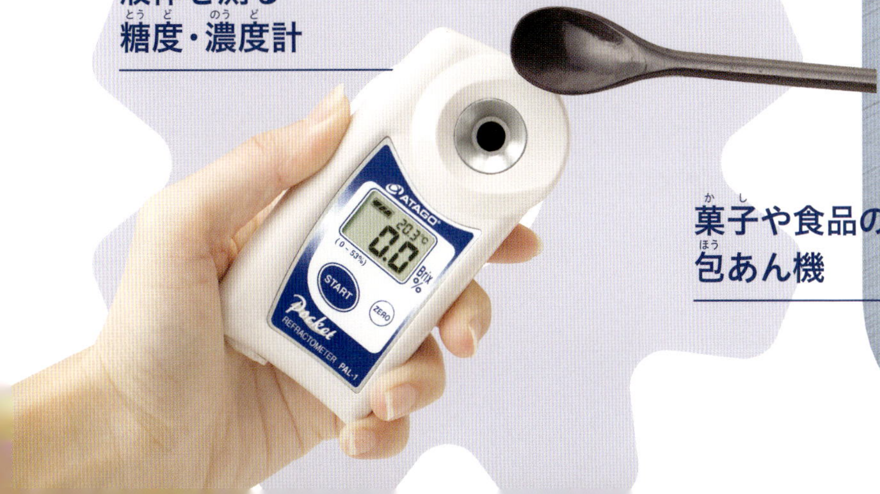

液体を測る糖度・濃度計

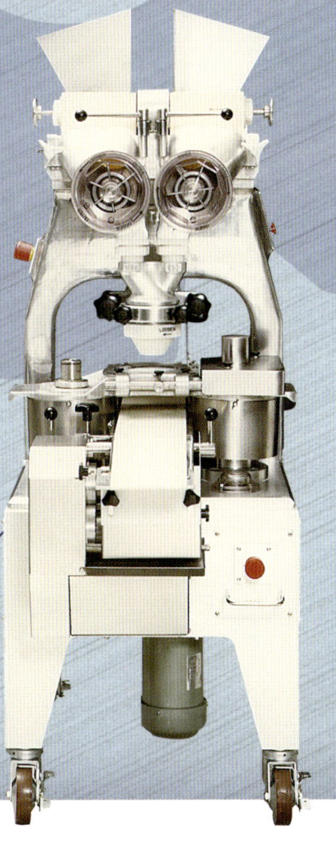

菓子や食品の包あん機

世界シェア 70％！

北海道函館市　東和電機製作所

イカ釣りの漁師さんの技をデジタル化して再現
自動イカ釣機

1984（昭和59）年に世界初のコンピュータ式全自動イカ釣機を開発した東和電機製作所。漁師の技を再現し、トラブルを最小限に抑える工夫をこらすことで、効率の良いイカ漁ができるようになりました。

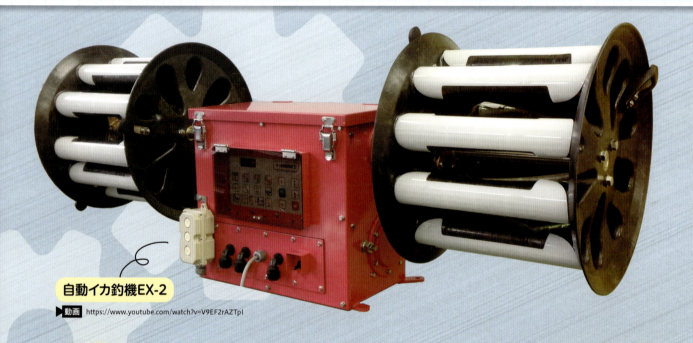

自動イカ釣機EX-2
▶動画 https://www.youtube.com/watch?v=V9EF2rAZTpI

どんな製品？

64台のイカ釣機を1人で操れるすぐれもの

漁師の技をコンピュータ制御で再現し、最大で64台を、たった1人で同時に制御できる自動イカ釣機。「EX-2」では新技術の600Wモーターで、パワーと使いやすさを両立。「EX-2」は、これまでよりも、軽く、強く、腐食しにくい特性を持ち、熟練の漁師ならではの「シャクリ」という技を、コンピュータ制御で実現しています。

会社データ

創業	1963（昭和38）年
資本金	9,900万円
従業員	52名
事業内容	自動イカ釣機、LED漁灯、マグロ一本釣機、ホタテの養殖機械等の製造販売
所在地	北海道函館市吉川町6-29

なぜ？ いつから？ 「北海道函館市」で誕生したワケ

機械編

自動イカ釣機／東和電機製作所

造船所の下請工場として創業後、イカ釣機を開発

魚種別ではスルメイカの漁獲量が最も多く、イカが「市の魚」にもなっている函館市で、東和電機製作所は、1963（昭和38）年に創業しました。当初は、函館ドック（造船所）の下請工場として、船の配電盤、分電盤を製作していましたが、「手回しのイカ釣機を作ってほしい」という依頼を受けて製造したのが全自動イカ釣機の始まりです。その後、1984（昭和59）年に世界初のコンピュータ式イカ釣機を開発して、現在では世界シェア70％を誇ります。

イカ漁
函館でイカ漁が本格的に始まったのは明治時代の初期のこと。イカ漁発祥の地とされる佐渡の漁師が、出稼ぎのために函館を訪れた時に、漁具を持ち込み、函館の漁民に漁法を伝えました。

イカ料理
函館の生け簀のある飲食店では、口に運ぶと吸盤が舌に吸い付く「踊り食い」も食べられます。また、新鮮で、さばきたてのイカは、表面の色素が微妙に変化する様子も見ることができます。

データで見る「都道府県別イカ類漁獲量」

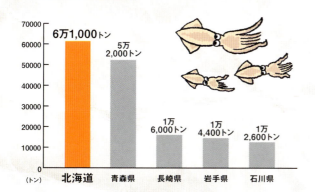

イカ類漁獲量 ベスト5

- 北海道：6万1,000トン
- 青森県：5万2,000トン
- 長崎県：1万6,000トン
- 岩手県：1万4,400トン
- 石川県：1万2,600トン

秋に生まれたイカは日本海を北上し、5月下旬〜6月初旬頃に北海道の松前沖から津軽海峡にやってきます。冬に生まれたイカは太平洋を北上し、6月下旬〜7月頃に津軽海峡に来遊します。函館の南に面する津軽海峡は絶好の漁場で、北海道と青森で全体の漁獲量の5割以上を占めます。

出典：農林水産省「大海区都道府県振興局別魚種別漁獲量（平成26年）」

函館市ってこんなところ

漁業も観光も盛んな街

日本三大夜景のひとつと言われる函館山の夜景や五稜郭、金森赤レンガ倉庫、近海産の海の幸の市場など豊富な観光ポイントがあり、毎年500万人近くが訪れる観光都市・函館。2016（平成28）年には、北海道新幹線が開通しました。漁業ではイカ、昆布漁が盛んで、函館山から例年6月1日に解禁されるスルメイカ漁の漁火を見ることもできます。

金森赤レンガ倉庫は明治時代に建てられた倉庫を改築したもので、買い物や食事を楽しめます。

自動イカ釣機のココがスゴイ！

自動イカ釣機には、漁師さんの技を機械で再現するための技術がぎっしり詰め込まれています。

スゴイ！1 自動イカ釣機は船頭1人で操れる

船内に設置された集中制御盤で最大64台のイカ釣機を動かし、同時にその様子を監視できます。イカを釣る作業はブリッジ内の船頭1人で行うことができるので、その他の乗組員は、甲板に釣り上げられたイカを箱に詰める作業に専念できます。

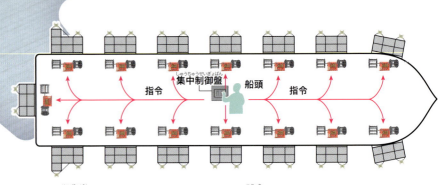

集中制御盤で指令を行うとともに、すべてのイカ釣機をチェックできます。

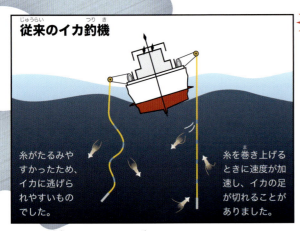

自動イカ釣機を使う前は、船の揺れやイカの重みで糸がたるんでしまうことがありました。

スゴイ！2 コンピュータでシャクリや揺れ補正を行う

コンピュータでドラムを巻き上げる動きをコントロールし、漁師が行う「シャクリ」を再現することでイカを引き寄せ、釣り上げます。船の揺れによって起こるワイヤーのたるみやイカの足切れを防ぐために、船の揺れをセンサーで検知し、ドラムの回転速度を自動調整します。

📝 開発メモ

イカの重さや水深から糸の張りを自動調整

イカが針にかかった水深や、そのイカの重量をコンピュータを使って検出することで、自動で糸の張り具合を調整することができます。感覚で糸を微調整して、できる限りイカの釣り逃がしを防ぐのが漁師の腕の見せどころですが、自動イカ釣機では全自動で糸を張る力のコントロールが行われるのです。

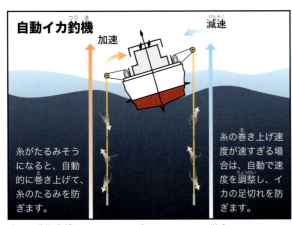

揺れの補正機能によって、船の揺れをセンサーで検知し、自動的にドラムの回転速度を調整しています。

スゴイ！3 「順次運転」という知恵でイカを逃さない

海中にイカ釣機の針が無い状態になると、イカの群れが離れてしまう可能性がありますが、一定間隔を空けて針を下ろすとイカを留まらせることができ、糸を絡みにくくすることもできます。また、針を下ろす間隔にズレが生じた場合でも、ドラム回転数が自動的に調整されて、針の間隔は一定に保たれます。

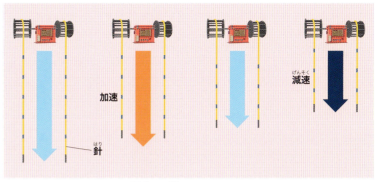

イカのかかり方によって、イカ釣機には針を下ろす速度を上げる指令や速度を下げる指令を出し、針を下ろすスピードを調整します。

開発の歴史

アフターサービスを徹底して漁師たちの信頼を獲得

東和電機製作所が全自動イカ釣機を開発した1970年代は、40社近くのライバル会社がありました。しかし、海外でトラブルが起きた場合でもすぐに飛んでいくというアフターサービス重視の姿勢や現場主義によって、多くの国の漁師たちからの信頼を得ることができました。

全自動イカ釣機のほかに、マグロの一本釣機、ホタテの自動穴開け機なども製作しています。

スゴイ！4 ブザーを鳴らしてトラブルを最小限に

ワイヤーがイカ釣機のドラムから外れたり、ワイヤー同士が絡まった場合は、非常停止ブザーが鳴ります。ブザーで知らせることで、早めの対応をとることができ、トラブルの広がりを抑えて、短い時間で漁を再開できるのです。

ワイヤーがイカ釣機から外れると非常停止のブザーが鳴り、周囲に知らせます。

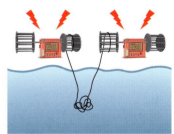

ワイヤー同士が絡まった場合も自動でブザーが鳴り、イカ釣機を非常停止します。

機械編 / 自動イカ釣機 / 東和電機製作所

自動イカ釣機のできるまで

すべての生産を自分の会社内で行う

自社で原材料の型抜きから組み立てを行い、振動試験などのテストをしながら、自動イカ釣機の製造のすべてを行っています。

1 材料をプレスして型を抜く

原材料のステンレス板材を、プレス型抜き機で型抜きします。

2 型抜きした材料を曲げ・溶接する

筐体（本体の箱）、前面パネルを別々に曲げ、溶接加工を行います。

3 組み立て、下地塗装と本塗装を行う

内部機構の組み立て、下地塗装を行った後に、本塗装を行います。

4 完成したパーツで組み立て作業を行う

筐体、前面パネル、内部機構など、完成したパーツを組み立てます。

開発者インタビュー

コンピュータ専門で、船は乗り慣れていなくて、テスト運転では苦労しました

品質管理部長　**平田幸雄さん**
1982（昭和58）年入社。開発部に配属された後、開発部長を経て、現在の品質管理部長に就く。

Q1 なぜコンピュータ式全自動イカ釣機の開発を始めたのですか

私が入社した1982（昭和58）年頃から、イカ釣機をコンピュータ式にしようという動きがあり、開発がスタートしました。当時、設計部門にいた浜出雄一課長（現在の社長）が指揮を取り、私はイカ釣機本体とイカ釣機を複数台コントロールする装置（集中制御盤）のプログラムを担当しました。当時は入社1年目の新入社員でしたが、プロジェクトに呼ばれて毎晩遅くまで働きました。

Q2 開発に苦労したことはありましたか？

試作機が完成してからは、プログラムを組んで、実際の船に乗って確認して、修正して、という作業を繰り返していたのですが、私自身、船に乗ることに慣れていなくて、なかなか大変だった記憶があります（笑）。それから、動作に関しては、シャクリも、どの動きが良いというわけではなく、お客さんの好みや地域性があるので、どんな動きにも対応できるようにプログラムするのに苦労しましたね。

Q3 開発中は世界の市場を意識されていましたか？

私自身は開発担当だったので、開発中は特に意識しなかったのですが、発売後は修理などのアフターサービスで海外にもよく足を運びました。やはり機械が止まってしまうと漁師さんの収入に関わりますので、アフターサービスのスピード感は国内外問わず、非常に大切にしています。

Q4 製品が完成した時、どのような思いを持たれましたか？

従来の製品は、針を100メートル下げるといっても、きっちり100メートルではなかったり、釣り糸を下げるスピードが正確にならなかったりしたのですが、コンピュータ式になったことでトラブルが減ったことや少ない乗組員で操業できることなどに貢献できたのではないかと思いました。

Q5 これからも製品をどんどん世界に羽ばたかせていきたいですか？

漁師さんの生活に関わる製品を出荷していますので、国内でも海外でも、少しでも漁師さんの力になれる機械を開発して、販売していきたいと考えています。

東和電機製作所が所有している試験船「濱出丸」。

東和電機製作所の作ったLED漁灯は、国内のサンマ漁でも活用されています。

機械編

自動イカ釣機／東和電機製作所

世界に飛び立つ「自動イカ釣機」

アフターサービスが評価されて世界シェア1位に！

東和電機製作所は、アジア、南米、ヨーロッパなど、世界中のイカ漁獲国に全自動イカ釣機を輸出しています。また、イカ漁の現場に添ったさまざまな機能や徹底したアフターサービスなどが評価されて、世界シェア1位を獲得しています。これまでに13万台以上を輸出し、さらに、より多くの国々への輸出を計画しています。

「自動イカ釣機」の主な輸出先

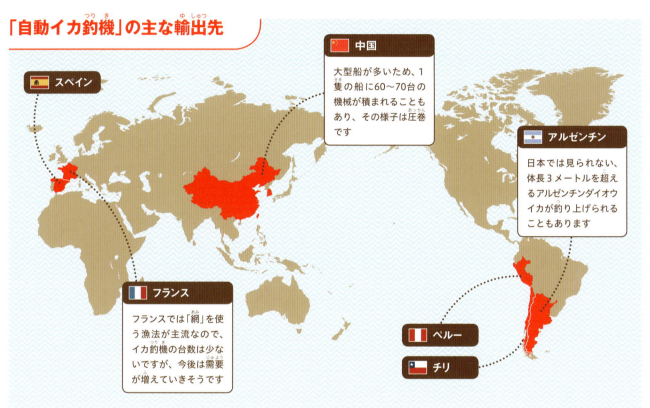

スペイン

中国
大型船が多いため、1隻の船に60〜70台の機械が積まれることもあり、その様子は圧巻です

アルゼンチン
日本では見られない、体長3メートルを超えるアルゼンチンダイオウイカが釣り上げられることもあります

フランス
フランスでは「網」を使う漁法が主流なので、イカ釣機の台数は少ないですが、今後は需要が増えていきそうです

ペルー

チリ

日本と海外 こんなところがちがう！

日本の4倍近い大きなイカも楽に釣り上げる

日本では胴長40〜50センチほどのスルメイカが最も多く獲られていますが、三陸沖からハワイ沖〜北米西岸までの北太平洋では50センチ以上のアカイカが獲られています。そして、近年はペルーやアルゼンチンなどで、2メートル近いアメリカオオアカイカが大量に獲られるようになり、そこでも、サイズに合わせて調整された全自動イカ釣機が活用されています。

びっくり！ THE WORLD

「トラの乳」を使ったペルーのイカ料理

「セビーチェ」は、イカやエビ、白身魚などを、みじん切りにした野菜、レモンの絞り汁などと合わせた中南米の伝統料理です。ペルーではマリネ液を「トラの乳」と呼び、セビーチェと合わせて食べたり、飲んだりすることもあります。

ペルーでは国民食とされ、「セビーチェリア」と呼ばれるセビーチェ専門店も数多くあります。

国内シェア 80%
海外シェア 20%

北海道釧路市　株式会社ニッコー

ヘッドカットから内臓処理まで自動で処理できる
サケの連続加工処理装置

日本はもちろん、世界中で食べられているサケ。ニッコーは、1尾のサケの頭を切り落として開くまでの一次処理の機械だけでなく、切り身にしたり、味付けしたり、いくらを加工する製品まで製作する会社です。

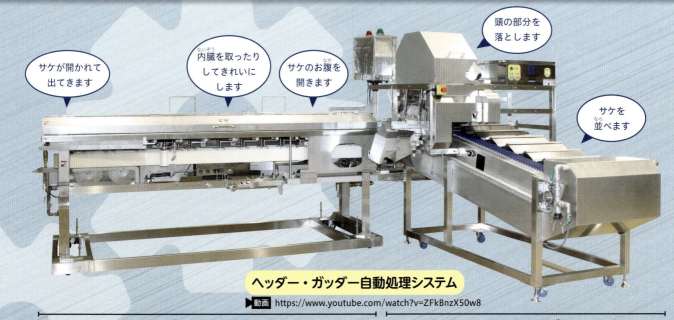

- サケが開かれて出てきます
- 内臓を取ったりしてきれいにします
- サケのお腹を開きます
- 頭の部分を落とします
- サケを並べます

ヘッダー・ガッダー自動処理システム
▶動画 https://www.youtube.com/watch?v=ZFkBnzX50w8

ガッターマシン　／　オートヘッダー

どんな製品？
オスメス兼用で身を傷つけずに自動処理

ヘッダー・ガッター連続処理システムは、サケを並べるだけで頭部の切断から内臓除去まで自動的に処理してくれるサケの加工機械です。オスメス兼用で、1分間に20〜30尾のサケを処理。さらに、オスの白子、メスの卵も傷つけることなく取り出せる機能性が評価されて国内シェア80％、海外シェア20％を獲得しています。

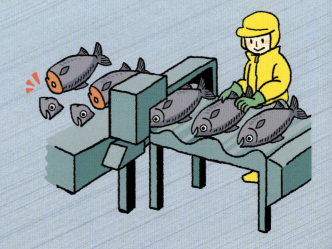

会社データ

創　業	1977（昭和52）年
資本金	3,000万円
従業員	85名
事業内容	食品・水産・食肉・農産・各加工機械の企画開発、製造販売
所在地	北海道釧路市鶴野110-1

なぜ？ いつから？ 「北海道釧路市」で誕生したワケ

機械編

サケの連続加工処理装置／株式会社ニッコー

世界的な漁業規制が開発のきっかけになった

ニッコーが創業した1977（昭和52）年当時、釧路は全国一の水揚げ量を誇り、遠洋漁業の基地として栄えてきましたが、世界的な漁業規制によって大打撃を受けてしまいます。そこで、当時、ふ化事業が国内で始まり、また海外でも人気が高く、そのうえ近海で獲れるサケが注目を浴びました。しかし、頭落としや内臓処理などの一次処理はすべて手作業で行われ、大変な重労働でした。そこでニッコーは、一次処理の機械化を目指して開発に着手したのです。

サケ漁
現在、釧路で行われている主なサケ漁は、回遊してくるサケを引き込んで漁獲する定置網漁です。魚を定置網に導くために障害物となる「垣網」、魚群を囲う「身網」などの網を組み合わせることでサケを網に誘い込みます。

サケ料理
釧路地方のサケの種類はシロザケ、カラフトマス、サクラマスの3種で、シロザケが最も多く漁獲されます。中でも、5月から6月頃に太平洋の沿岸に来るシロザケは「トキシラズ」と呼ばれ、脂がのっていておいしいと言われています。

データで見る「サケ量」

全国サケ漁獲量 ベスト5

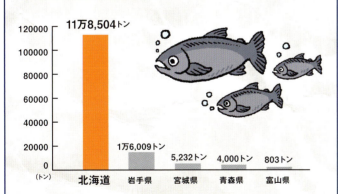

- 北海道：11万8,504トン
- 岩手県：1万6,009トン
- 宮城県：5,232トン
- 青森県：4,000トン
- 富山県：803トン

日本国内のサケの漁獲量は、北海道がその8割以上を占めています。北海道のサケ漁のピークは、サケが産卵のために戻ってくる9～10月。この時期に取れるサケは「秋鮭」と呼ばれ、北海道のほぼ全域で漁獲されます。水揚げ量は約12万～20万トンの間で推移しています。

出典：農林水産省「漁業・養殖業生産統計（平成26年）」

釧路市ってこんなところ

豊かな自然に囲まれた街

北海道東部の中心都市である釧路市には、日本国内最大の湿原である釧路湿原やカルデラ湖の阿寒湖があり、それぞれ一帯が国立公園に指定されています。一方で海岸地帯には製紙工場や発電所などがあり、古くから工業も発展しています。そして、漁業でも1991（平成3）年まで13年連続で全国1位の水揚量を記録するなど、全国有数の規模を誇ります。

国の特別天然記念物のタンチョウが生息する釧路湿原には、世界中のツルの愛好家が集まります。

サケの連続加工処理装置のココが スゴイ！

かつてはすべて手作業だったサケの一次加工を自動で処理。人の手をかけず、効率化を実現しています。

スゴイ！1 作業員ひとりだけですべての加工ができる

かつてのサケの加工場では、朝早くから夜遅くまで多くの作業員が、包丁で頭を落とし、魚卵を傷つけないように注意しながらお腹を裂いて内臓を取り出していました。ヘッダー・ガッター自動処理システムでは、サケを並べる作業員1名のみで作業ができます。

頭をセットする位置が赤外線ビームで示されるので、誰でも簡単にサケをセットすることができます。

スゴイ！2 サケのサイズに合わせて頭部を連続処理

サケの頭を包丁で落とそうとすると、かなりの重労働になりますが、オートヘッダーを使えば、サケを並べるだけでOK。サケの大きさが違っていても、機械が自動的に対応してくれる仕掛けになっています。これで力いらずの作業となりました。

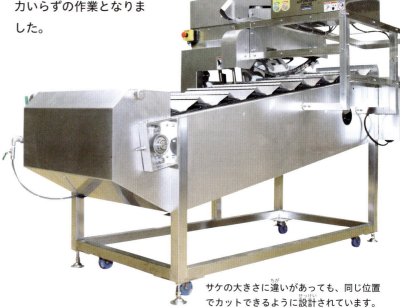

サケの大きさに違いがあっても、同じ位置でカットできるように設計されています。

 開発メモ

数十トンのサケでテストし改良を重ねて完成

開発では、技術者が毎日加工場に出向き、実際の作業を体験しながら、機械の設計を進めました。サケを入れる間隔、カットするスピードなどを、何度も議論して試作機の設計図を作りました。そして、完成した試作機を使って数十トン（約3,300尾分）のサケを買い、1年半にわたってテストをして改良し、製品として完成しました。

切り口には肉のつぶれもなく、手作業よりもきれいに頭をカットできます。

スゴイ！3 自動搬送を行い内臓・卵ごときれいに回収

ヘッドカットを行ったサケは自動搬送装置でガッターマシンへと送られます。ガッターマシンに入ったサケは、自動で腹が開かれ、内臓、卵や白子が取り出されます。ガッターマシンはサケの腹を尾に向かって中心から切断し、魚がどのような姿勢で投入されても必ず中心から切断し、卵を傷つけません。

サケから取り出された卵。つぶのひとつひとつが崩れず、傷もついていない様子がわかります。

開発の歴史

加工場の利益や値段の安定にも寄与

1990年代の初め頃は、人手がたくさんあっても作業が追い付かず、処理しきれずに余ってしまうサケもあり、肥料工場へまわされていました。この機械を使うことで、大量の処理が可能になり、肥料にされるサケの量を減らせ、サケの値段も安定するようになりました。

1分間に20〜30尾、1時間では1,200〜1,800尾のサケを加工できます。

スゴイ！4 傷みのもとになる「メフン」もきれいに除去・洗浄

サケの中骨についているメフン（血腸、腎臓のこと）を手作業で除去するには、背わたの中心に包丁で縦に2分するように切り目を入れ、スプーン状のメフンかきで頭部側からかき取る必要がありました。ガッターマシンでは、メフンを自動的に除去できます。

シャワーとブラッシングを組み合わせて、中骨についたメフンを除去します。

メフンを除去したサケ。汚れがしっかりと取り除かれていることがわかります。

機械編

サケの連続加工処理装置／株式会社ニッコー

サケの連続加工処理装置のできるまで

機械を設計、部品を製作し、組み立てる

機械設計、電気制御設計、制御盤製作の後、部品を製作または購入し、組み立てます。その後、試運転を行い、納品されます。

 1 機械全体の設計を行う

ヘッダーマシン、ガッターマシンの機械全体の設計を行います。

 2 制御部分の設計を行う

機械の動きを制御するプログラムの設計を行い、制御盤を製作します。

 3 部品を製造、または購入する

必要な部品を製造、または外部から購入して揃えます。

 4 設計通りに組み立てる

組み立てた後、試運転を行って、完成した機械を納品します。

開発者インタビュー

2つの機械を合体させて さらに作業が効率化しました

常務取締役（技術部担当） **吉田昌徳さん**

1983（昭和58）年入社。製造部工場長、技術部部長から現在の役職となる。ヘッダー・ガッター連続処理システムのほか、水産加工機械を数多く開発してきました。

Q1 なぜヘッダー・ガッター自動処理システムの開発を始めたのですか？

これまではヘッドカッターとガッターマシンを別々に使用していて、各々の機械に1〜2名ずつ作業員がついていました。加工場での働き手が減っているなか、少しでも手間を省けないかという発想でオートヘッダーとガッターマシンを連結させるアイデアが生まれました。

仕事をする上でのポリシーは「お客様のニーズに対応したものづくり」。

Q2 開発で苦労されたことはありますか？

オートヘッダーからガッターマシンへの乗継ぎの機構（頭を切断されたサケがガッターマシンへ自動で投入される）で、スムーズに次の工程へ搬送されることが大きな課題でした。オートヘッダーから排出された魚を、シューターにより向きを変え、ガッターマシンの投入部に専用の搬送コンベアを付けることで解決しました。

完成した製品のデモ運転を行う様子。

Q3 開発中に、海外の市場は意識されていましたか？

開発当初、海外市場は意識していませんでしたが、使用するお客様からの要望を聞き、機械の改良に反映させるようにしています。例えば、処理する魚の大きさが違うことで部品を国内と海外では変更したり、処理スピードも海外版では上げたり、使用する立場のお客様からの要望に合わせた機械づくりをしています。

Q4 製品が完成した時、お客さんからはどのような反応がありましたか？

「生産量が上がった」「一次処理工程の人たちに別の仕事をしてもらえるようになった」など、お客様から大変喜んでいただきました。開発者としては「こんなことは機械には無理だろ」と現場の方に言われた作業や、現場で見て感じた難しそうな工程を機械化して満足いただくのが、一番のやりがいですね。

ヘッダー・ガッター自動処理システムで採用された自動搬送装置。

Q5 これからも製品をどんどん世界に羽ばたかせていきたいですか？

2013（平成25）年に中国に現地の会社を設立しました。また東京営業所に海外営業課を設置して、海外での販売拡大を進めています。また、水産加工機械や魚の鮮度を保つための機械を、中国や東南アジアを中心に営業活動を行って、各国での導入が進んできています。

世界に飛び立つ「サケの連続加工処理装置」

2008年から毎年50台程度を輸出

ニッコーのサケ加工機械を扱う商社が2008（平成20）年からロシアに輸出していて、現在も毎年50台程度がロシアの加工場で使用されています。また、中国や東南アジアはもちろん、世界的な和食の広がりから、魚を食べる文化も拡大中。東京に海外営業課を設けて海外への販売を拡大し、世界で使われる機械になるよう努力しています。

機械編

サケの連続加工処理装置／株式会社ニッコー

「サケの連続加工処理装置」の主な輸出先

ロシア
サケ・マスの漁獲量が世界第3位のロシアでも、ニッコーの機械が活躍しています。

日本と海外 こんなところがちがう！

海外用は、使われ方は同じでも処理スピードが大幅にアップ

ニッコーのヘッダー・ガッター自動処理システムは国内向けと海外向けで、使われ方は同じですが、サケを処理するスピードが異なります。国内向けの処理能力は1分あたり20～30尾ですが、海外向けでは1分あたり25～50尾で速度を変えられる機能も付いています。1日の処理量が日本よりも多い海外の利用者の声に応えたものです。

びっくり！ THE WORLD

ロシアでは一般的な「サケのウハー」

ロシア料理のスープ「ウハー」。日本ではあまりなじみのない料理ですが、ロシアでは一般的な家庭料理の一つで、サケが用いられたものを「サケのウハー」と呼びます。基本的に1種類の魚で作られますが、数種類の魚を使う場合もあります。

最も簡単な作り方は、洗った魚を水で煮込み、ハーブとスパイスで味付けをする料理です。

国内シェア90% 世界121カ国で活躍！

栃木県宇都宮市　**レオン自動機株式会社**

「包む」技術で、和菓子から世界の食品作りに大発展

菓子や食品の包あん機

包あん機は、和菓子作りで、あんを生地で包むときに欠かせないものです。これが発展してお菓子以外の日本の食品メーカーでも採用されているだけでなく、海外の国々で食べられている民族食の生産にも役立っています。

どんな製品？

抜群の包あん性能でまんじゅうを自動生産

機械の見た目が「火星人」に似ていることから「火星人」と名付けられました。上部2つの容器にあんともちを入れると内側にあん、外側にもちがセットされ、棒状になった生地が下部のシャッター装置により丸い形にカットされます。餅を傷めず、あんを優しく包む技術は、まんじゅう以外にもさまざまな菓子や食品を作るときに使われています。

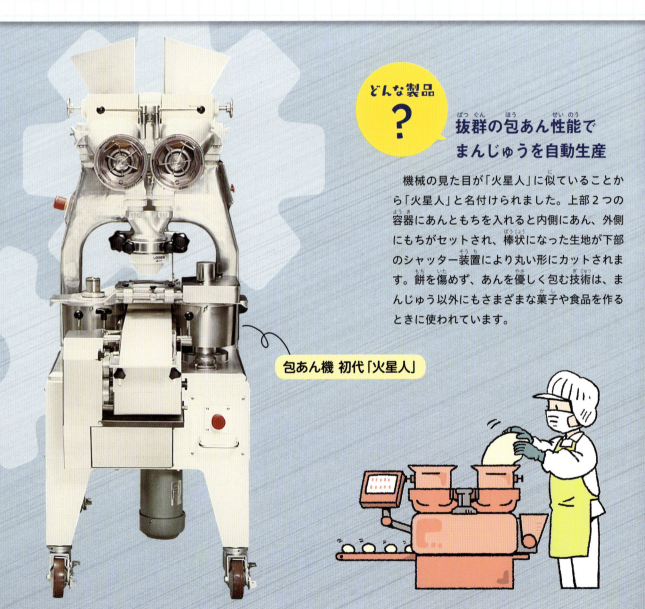

包あん機 初代「火星人」

会社データ

創業	1963（昭和38）年
資本金	73億5,175万円
従業員	705名（2016年1月現在）
事業内容	食品機械の開発・製造・販売
所在地	栃木県宇都宮市野沢町2-3

なぜ？ いつから？ 「栃木県宇都宮市」で誕生したワケ

機械編

菓子や食品の包あん機／レオン自動機株式会社

包あん機の開発当初から海外を目指していた

レオン自動機の創業者であり包あん機の開発者でもある林虎彦さんは、もともと栃木の鬼怒川近くで和菓子屋を経営しながら包あん機の開発に取り組んでいました。当初から海外の方に製品を知ってもらいたい思いがあり、当時、京都と並んで海外からの観光客の多かった日光の玄関口の日光街道沿いに本社を置きます。この立地の良さもあってか、海外からのお客様も多く訪れ、包あん機は食材を包み込んだ世界中の食品作りに利用されるようになりました。

日光街道
江戸時代に設けられた五街道のひとつ。包あん機開発当時、外国人観光客は東京から日光街道を通って日光へ訪れていました。桜並木の景色は「日本さくら名所100選」に選ばれています。

銘菓「きぬの清流」
上質の小豆を使ったあんのしっとりとした口当たりとやさしい味わい。包あん機を開発するお金を得るために林さんが作った「きぬの清流」は現在も地元で愛され、日光を訪れる観光客のお土産として人気です。

データで見る「菓子類の年間消費量」

菓子類の年間消費量 ベスト5

	金沢市	山形市	川崎市	宇都宮市	東京都区部
(円)	10万1,961円	9万1,787円	9万492円	8万9,958円	8万8,982円

お菓子好きが多い宇都宮市。都道府県庁所在市と政令指定都市を対象とした年間の菓子類消費額（2013年～2015年平均）では、1世帯あたり約9万円で全国4位となっています。ようかんは全国2位、ケーキは全国5位となっていて、和菓子、洋菓子ともに好まれているようです。

出典：総務省統計局「家計調査　家計収支編」

宇都宮市ってこんなところ

国内有数の商工業都市

栃木県の県庁所在地・宇都宮市は、工業製品出荷額が県内第1位、年間商品販売額が北関東トップと、国内でも有数の地域商工業都市です。関東地方ではただ一つ、高度技術集積都市「テクノポリス」に地域指定されています。また、1世帯当たりの餃子の年間購入額が15年連続日本一を獲得した実績を持ち、餃子の街としてもたいへん有名です。

市の特産の大谷石でつくられた駅前の餃子像。ビーナスが餃子の皮に包まれた特徴ある形で有名です。

菓子や食品の包あん機のココがスゴイ！

レオン自動機は、職人の心まで再現する、世の中にないオリジナルの機械を開発しています。

スゴイ！1 粘りやベタつきを解決

生地とあんが混じり合わないのはノズルが二重構造になっており、出口の部分で初めて合体するからです。筒状に出てきた生地とあんを6方向からゆっくりと絞るように切るため、粘る生地もくっつかず、表面をなめらかに整えながら次に出るあんも包みます。

シャッターが触れている部分がゆっくりと絞り込まれ、最後は1点になります。画期的な技術を持つシャッター部分は特に注目！

スゴイ！2 最後まで手を抜かない細やかな仕組み

生地が切られるタイミングに合わせて、受け皿となるコンベアーが上昇します。このことで、製品が落下する距離が短くなり、落ちる衝撃を和らげます。そのため、製品の形が崩れにくくなります。また、製品の表面をきれいに仕上げるのも「火星人」の技術です。中華まんじゅうにひだを付けるような最終工程も含め、素材を自然な流れで送ることで高品質な製品を作っています。

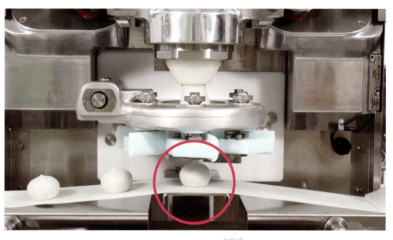

生地が落ちてくるタイミングに合わせてコンベアーが上昇。改良を重ねてできた仕組みです。
※説明のため安全カバーを外して撮影しています。

ひだつき／ひだなし

包むだけではありません。中華まんじゅうには美しいひだが付けられます。

📝 開発メモ

工業用の学問である流動学をまんじゅう作りに応用

1955（昭和30）年、流動工学研究所を設立。開発者の林虎彦さんは本格的な実用機械を作るため東京の国立国会図書館に通い、研究に専念しました。そこで見つけたのは流動学。ゴムや粘土などの物体を機械で処理するための工業用の学問をまんじゅう作りに応用しました。

スゴイ！3 職人をしっかりサポート！頼れる存在として活躍

「火星人」は職人不足の和菓子屋で和菓子づくりをサポートするなど、職人のパートナーとしても活躍中です。人の手のぬくもりを感じさせる製品の完成度の高さはお客様に喜ばれるだけでなく、長年培ってきた伝統の味を守りたいと願う職人からも広く支持されています。

包あん機「火星人」
早さ・正確さ・美しく仕上げるという職人の心まで再現しています。手作業の10倍以上のスピードも可能です。

スゴイ！4 オプション器具装着で用途はさらに拡大

オプション器具を装着すると能力がパワーアップ。円盤の器具を装着し、いちごをセットするといちご大福が作れます。シャッターの代わりに特殊なカッターをつければ、変わった形のクッキーもできます。食品メーカーの商品は特別な部品で対応しています。

（2016年発売商品画像）

ロッテ「雪見だいふく」も、井村屋の「肉まん・あんまん」も、食品メーカーからの注文に特別な部品を使うことで応えています。

📖 開発の歴史

元祖の包み方から進化させた「シャッター方式」

包あん機の開発者である現名誉会長の林虎彦さんが生み出したきれいな包み方と仕上げをより効率の良いものにできないかと、シャッター方式を考えたのが現在の社長の田代康憲さんです。1987（昭和62）年以降はシャッター方式が主力となっています。

シャッター方式により、くっつきやすいミンチ肉も包めるように。チーズインハンバーグもこうして生まれました。

✏️ 開発メモ

独自技術を裏付けとした提案力でお客様とともにレシピを作る

レオン自動機では国内従業員の約1割が包あん機で作る新メニューを考案しており、年間約900社のお客様がそのレシピを求めて来社します。このレシピから新しい装置が生まれることもあります。

講習会の様子。お客様の要望に沿うメニューを選び、その場で実演します。

※製造工程は企業秘密のため、公表していません。

機械編 — 菓子や食品の包あん機／レオン自動機株式会社

開発者インタビュー

食文化に貢献していく会社として作り手の心を感じる機械にしたかった

名誉会長　林虎彦さん

1961（昭和36）年、包あん機「R-3型」を発明後、改良版「N15ZG-101型」を制作。翌年、レオン自動機株式会社を設立し、代表取締役社長に就任。1998（平成10）年、社団法人日本食品機械工業会名誉会長に就任した。

Q1 なぜ包あん機の開発を始めたのですか？

和菓子職人をしていた頃、あんを包む作業は時間も手間もかかるため、作業を自動化できれば職人はもっとアイデアを出すことができるはずだと思ったのが開発のきっかけでした。そして、1954（昭和29）年から栃木県で「虎彦製菓株式会社」を営むかたわら、物質の変形と流動についての研究を始めました。

包あん機の開発に没頭する林虎彦さん。

Q2 開発にどれくらいの時間がかかりましたか？

開発に着手してから約10年かかりました。完成までは工場の脇に小屋を作って寝泊まりしていたほど、日々機械づくりに夢中でした。

開発のために使用したまんじゅうに感謝を込めて建てられた饅頭塚。

Q3 開発にあたって苦労されたことや工夫されたことは？

試作機は完成したものの、性能が良すぎると作り手の心が失われてしまうことが心配で、その後はあえて機械のスピードを落とすことに挑戦しました。結果、1時間で2万個のまんじゅうを製造できたのが1時間に2,400個に減らしました。その分を職人の手作業の良さや美しさが残る、バランスの良い機械として完成しました。

Q4 包あん機が完成し、お客様からはどのような反応がありましたか？

1963（昭和38）年に販売が始まると大反響を呼び、菓子業界の革命といわれました。街の菓子店にも導入され、お客様の事業の幅を広げるお手伝いができたのではないかと思います。今は社長の田代が考案したシャッター方式が主力ですが、私の開発した包着盤方式の包あん機が、まだ現役で活躍しているところもあるんですよ。

Q5 これからも包あん機を世界に羽ばたかせていきたいですか？

手作りしか方法がないことで苦労したり、品質を度外視した大量生産を行っていたりする国や地域で利用してもらいたいですね。味や製法を後世に残していけない、保てないといった問題を解決するためにも包あん機を使っていただきたいと思います。

海外子会社には最新機械を備えた研究室があり、お客様へ新しい食品の提案をしています。

世界に飛び立つ「菓子や食品の包あん機」

多くの国と地域で衰退していく伝統の食文化を守りたい

包あん機の世界への年間出荷台数は800台を超えることもあります。その国と地域の伝統の味を生み出し自動化することで、高級品だった食品も味と品質を保ちながら安定生産を実現することで、手頃な価格での提供を可能にしています。世界の食文化を守り、発展させていくことをこの会社は使命としています。

機械編 — 菓子や食品の包あん機／レオン自動機株式会社

「菓子や食品の包あん機」の主な輸出先

- カナダ
- イギリス
- ロシア
- フランス
- 中国：ナッツやドライフルーツの入った月餅を作る時に使われています
- メキシコ
- サウジアラビア
- インド：ボンダという野菜だんごを作る時に使われています
- アメリカ：蒸したジャガイモを包んだクニシというスナックを作る時に使われています

日本と海外 こんなところがちがう！

パンの分野にも進出！世界で称賛された技術

レオン自動機の包あん機はまんじゅうを作る一方で、製パン工程をいかに簡略化するかというテーマを持ち続け、取り組んできました。パンの分野ではどれだけの成果を上げられるのか、アメリカのパン研究家を招き検証したところ、製パン法に革命をもたらすと絶賛されました。包あん機は、パン作りにも活用されることにより、海外でより幅広く受け入れられました。

びっくり！THE WORLD

スコッチエッグといちご大福の意外な関係性

日本で初めていちご大福の自動生産を可能にした包あん機のオプション機器「固形物包あん装置」をイギリスで紹介したところ、飛びつくように各食品メーカーが導入し、イギリスの民族食である「スコッチエッグ」の自動生産を可能にしました。

いちごを丸ごと包むいちご大福と卵を丸ごと包むスコッチエッグ。包む仕組みは同じです。

スペースシャトルの発射台でも使われる

大阪府東大阪市　ハードロック工業株式会社

日本の建築技術を導入した、究極のゆるみ止めナット

絶対にゆるまないナット

日本古来の建築技術であるクサビの原理を導入し、ボルトとナットの一体化に成功した、ゆるまないナット。ドイツの工業規格やアメリカの航空宇宙規格の試験を合格し、海外でもたいへん高い評価を受けています。

ハードロックナット

どんな製品？

完璧なゆるみ止め機能を持つ安全・安心を確保したナット

振動などで起こるねじのゆるみは、さまざまな事故の原因となります。2014（平成26）年の調査では、ねじのゆるみを原因とする事故は、未報告のものを合わせると、国内で2万件以上発生しているとされています。この事故を防ぐために開発されたのが、ハードロックナット。日本の建築技術であるクサビの原理を応用しています。

会社データ

創業	1974（昭和49）年
資本金	1,000万円
従業員	70名
事業内容	HLN（ハードロックナット）、HLB（ハードロックベアリングナット）、HLS（ハードロックセットスクリュー）等の製造・販売
所在地	大阪府東大阪市川俣1-6-24

なぜ？ いつから？ 「大阪府東大阪市」で誕生したワケ

機械編

絶対にゆるまないナット／ハードロック工業株式会社

多くの企業との協力で生まれた新製品

　東大阪市は工業都市として知られ、市内には6,500以上の、さまざまな業種の事業所が存在します。これが、ハードロックナットが誕生した大きな理由となりました。1974（昭和49）年に大阪市で創業したハードロック工業は、その後、東大阪市に本社を移しました。新製品の開発には多くの過程があります。東大阪市には、メッキや熱処理などを行ってくれる企業が多くあったため、周囲の会社の協力を得て、製品開発を行うことができたのです。

さまざまなナット
東大阪市で作られたナットは、周辺の企業の協力で生み出されました。また、それらの工場で製造されるさまざまな製品にもハードロックナットが使用されています。

数多くの町工場
ものづくりの町として有名な東大阪市。そこには日本の製造業を支える数多くの町工場があります。それぞれが協力することで、他にはない完成度の高い製品を生み出しているのです。

データで見る「全国主要都市別工場密度」

全国工場密度 ベスト5

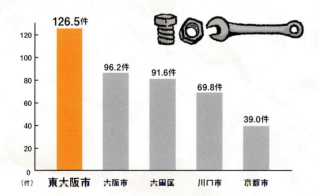

- 東大阪市：126.5件
- 大阪市：96.2件
- 大田区：91.6件
- 川口市：69.8件
- 京都市：39.0件

　東大阪市には多くの事業所が集まり、事業所数としても日本で第5位（製造業のみで6,546件）、事業所密度では全国1位です。このことから、市内に多くの事業所が集中していることがわかります。多数の業種の事業所が集中しているため、さまざまな製品が生み出されているのです。

出典：「平成24年経済センサス活動調査（可住地面積１キロ平方メートルあたりの事業所数）」

東大阪市ってこんなところ

ラグビーのまち

　日本最初のラグビー専用グラウンドとして1929（昭和4）年に開場した花園ラグビー場があることから、東大阪市は工業以外にも、ラグビーの町としても有名です。この花園ラグビー場は、全国高等学校ラグビーフットボール大会の会場としても有名です。2019（平成31）年に日本で行われるラグビーワールドカップの開催地のひとつでもあります。

数多くの国際試合などが開催される東大阪市花園ラグビー場。3万人を収容し、設備も充実しています。

絶対にゆるまないナットのココがスゴイ！

ハードロックナットは、ゆるみがないだけでなく、高い品質により、多くの場面で使用されています。

スゴイ！1 伝統技術を利用したゆるみに強い構造

日本の伝統的建築技術であるクサビを応用したハードロックナット。ナットを締めることにより、ねじとの間にクサビが入り込み、ゆるまない仕組みになっています。ねじをゆるませる代表的な試験である、ユンカー式振動試験など、世界のさまざまな試験で高い評価を得ています。クサビの構造だけでなく、材質や精度を追求してでき上がった製品です。

ハードロックナットがゆるまない仕組み。クサビの構造がナットの中に応用されています。

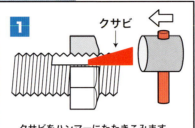

1　クサビをハンマーにたたきこみます。

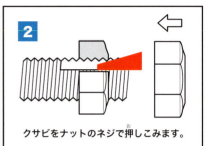

2　クサビをナットのネジで押しこみます。

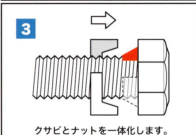

3　クサビとナットを一体化します。

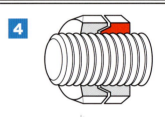

4　上ナットを締めつけるだけで、ゆるみ止め効果が発生します。

スゴイ！2 折れに強い優れた耐久性 安全性もバツグン！

ふつうのナットを使ってボルトを締めた場合、外からの繰り返しかかる力によって、締めつける力が低下していきます。するとボルトに大きな力がかかり、ボルトが折れてしまいます。ハードロックナットはゆるまないので、締めつける力が持続し、ボルトが折れにくいのです。

ハードロックナットは他のナットと比べてゆるまないため、ボルトが折れたりせず安全性に優れています。

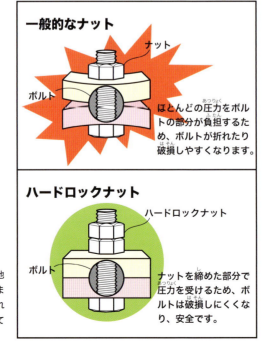

一般的なナット
ほとんどの圧力をボルトの部分が負担するため、ボルトが折れたり破損しやすくなります。

ハードロックナット
ナットを締めた部分で圧力を受けるため、ボルトは破損しにくくなり、安全です。

📝 開発メモ

偶然に発見したゆるまない仕組み

開発者が絶対にゆるまない仕組みについて悩んでいた時、訪れた大阪の住吉大社の鳥居を見てヒントを思いつきました。鳥居には、柱と横の木を組み合わせるところにクサビを打って強く組み立てられています。この仕組みを応用して、ナットと接合部との間に、クサビの要素を持たせることで、ハードロックナットが誕生したのです。

スゴイ!3 振動を起こさないため騒音問題を改善する

ゆるみのないハードロックナットは、ゆるみによって起こる振動を原因とする騒音対策にも適しています。地下鉄や上・下水道工事などで地面を掘り下げたとき、道路を一時的につくりあげる板（覆工板）などに使用され、ゆるみから発生するガタガタという騒音問題の解消にも役立てられています。

ハードロックナットが使用されている、路面覆工板。

ハードロックナットが使用されている部分の拡大写真。

スゴイ!4 温度変化によるゆるみにも対応

耐熱合金で作られたハードロックナットは、高温の環境にも強い製品です。米国航空宇宙規格に定められている、420度で6時間加熱した後に実施される振動試験にも合格しています。エンジンの一種のガスタービンなどにも使用されています。

熱を原因としたゆるみにも強いため、原子力発電所の炉心まわりでも使用されています。

ハードロックナットが使用されている、配管サポート部分。

船舶のエンジン部分にも使用されています。

開発の歴史

ハードロックが売れるまでを支えた製品たち

ハードロックナットは、開発から実用化し、売れるまで長い時間がかかりました。その間の会社の経営や社員の生活を保証するために、この会社では玉子焼器やティッシュホルダーなど、他の商品を開発販売していました。苦しい時期を乗り越えれば、必ずハードロックナットは売れるという自信があったです。

1973(昭和48)年に発明された、こげつかない玉子焼器(左)と、1975(昭和50)年に発明されたティッシュホルダー。

機械編

絶対にゆるまないナット／ハードロック工業株式会社

開発者インタビュー

これからも改良を続けて、誰にも真似のできない製品を作ります

代表取締役社長 **若林克彦さん**

大阪工業大学を卒業後、バルブメーカーに就職して、設計技師になる。
その後、「ハードロックナット」を開発し、1974(昭和49)年にハードロック工業を設立する。

Q1 ゆるまないナットを開発したきっかけは？

大学卒業後、会社員をしていた1961(昭和36)年に、大阪で開かれた国際見本市で、「戻り止めナット」という製品を見つけました。ゆるみにくいものだったのですが、構造が複雑なために大量生産ができず、価格もとても高いものでした。もっと簡単な構造で安いものは作れないかと思い、開発を始めました。

工場内でのナット加工風景。

Q2 開発にはどれくらい時間がかかりましたか？

10年以上かかりました。国際見本市の翌年には「Uナット」という製品を開発したのですが、削岩機などの強い振動を受けるとゆるみが出てしまうものでした。多くのクレームも受けたため、絶対にゆるまないナットの開発に力を注ぎ、やっとハードロックナットが完成したのは1974(昭和49)年のことでした。

社長と社員による開発現場。

Q3 開発にあたって苦労されたことは？

ハードロックナットは、性能は確かだったのですが、定着するまで時間がかかりました。その間、会社を続けていくために、さまざまな商品を企画し製作、販売しました。私もスーパーで玉子焼器の実演販売などをしたこともありました。

Q4 海外での反応はどうでしたか？

2006(平成18)年にイギリスで鉄道事故が起こった時に、BBC(イギリスの公共放送局)で「日本には優れたナットがある」と紹介されて以来、世界各国の鉄道で採用されています。ただ、このナットは、構造自体は単純なため、多くのコピー商品が出回ったのには困りました。

Q5 これからも製品をどんどん世界に羽ばたかせていきたいですか？

海外でコピー商品が出ることはありますが、そのような製品では大量生産したときに事故を起こしています。現在でも、コピーしようとしてもできない商品だとしておりますが、改良を続けています。さらに完成度を高めて真似のできない商品を作っていきたいと思います。

ハードロック工業のキャラクター、ハードロックマン。

世界に飛び立つ「絶対にゆるまないナット」

品質の高さで世界各国の鉄道を支える

ハードロックナットは、自動車や船舶、発電所、電波塔などのさまざまな用途で使用されており、海外からも高い評価を受けています。その中でも多く採用されているのが鉄道です。イギリス、オーストラリア、ポーランド、中国、台湾、韓国などで採用され、未だに事故が発生したことがなく、高い評価を得ています。

「絶対にゆるまないナット」の主な輸出先

イギリス — 鉄道の歴史が始まったイギリスの高速鉄道で使われています

中国 — 多くの鉄道技術を国外から導入している中国の高速鉄道で使われています

韓国 — 韓国の主要都市を5つの路線で結ぶKTX韓国高速鉄道で使われています

ドイツ — ドイツの主要都市を結ぶICE高速鉄道で使われています

台湾 — 台湾の首都・台北と高雄を結ぶ台湾高速鉄道で使われています

オーストラリア — オーストラリアの東部を走るクイーンズランド鉄道で使われています

日本と海外 こんなところがちがう！

1世紀後もゆるまない100年保証を満たす

ハードロックナットは、海外では鉄道業界で採用されることが非常に多いですが、日本では、高さ634メートルで世界最大の自立式電波塔である「東京スカイツリー」や、長さ3,911メートルで世界最長のつり橋「明石海峡大橋」でも使用されています。この2つの採用条件は「100年保証」。理論的に100年経ってもゆるまないナットの条件を満たした唯一の製品でした。

びっくり！ THE WORLD

日本の町工場の技術が宇宙開発を支える

ハードロックナットは航空、宇宙、防衛分野の品質規格の認証を取得しています。そのため、アメリカのスペースシャトルの発射台にも使用されており、アメリカのボーイング社やヨーロッパのエアバス社から関心を持たれています。

地上から空へと旅立ち宇宙へ飛び出す日も、近い将来訪れるかもしれません。

機械編

絶対にゆるまないナット／ハードロック工業株式会社

154カ国以上で使われている

東京都港区　**株式会社アタゴ**

すべて国内生産の、日本が誇る手のひらサイズの技術力
液体を測る糖度・濃度計

光が屈折する現象を利用して液体に含まれる糖や塩分、アルコールなどさまざまな成分の濃度を測定する屈折計。液体なら何でも測れます。アタゴの「PAL（パル）」はコンパクトな手持ち屈折計。世界154カ国以上で活躍しています。

ポケット糖度計・濃度計「PAL（パル）」

どんな製品？
果汁や飲み物の甘さや濃さを測ることのできる器具

果汁や飲み物などの甘さや濃さ、つまり「糖度や濃度」を測ることのできる「屈折計」と呼ばれる器具。アタゴは持ち運びできる大きさの手持ち屈折計を世界で初めて開発しました。デジタルに対応するなど改良を重ね、またデザイン性や機能性が高く評価され、日本グッドデザイン特別賞をはじめとした数々の賞を受けています。

会社データ

創業	1940（昭和15）年
資本金	9,600万円
従業員	248名
事業内容	科学機器（主として屈折計）の開発製造卸販売、輸出
所在地	東京都港区芝公園2-6-3　芝公園フロントタワー23階

「東京都板橋区」で誕生したワケ

なぜ？ いつから？

機械編

液体を測る糖度・濃度計／株式会社アタゴ

1932（昭和7）年に始まった光学産業の地

今は港区にありますが、PAL発明当時に開発を行っていた板橋区は、東京都内で屈指の工業地域であり、なかでも光学産業が、昭和の初め頃からたいへん盛んな地域でした。レンズや鏡体などを製造する工場が近くに数多くあり、それぞれが違う工程を担い、地場産業として育っていったのです。この環境がPALの開発には欠かせないものでした。製作に必要な各部品を製造する企業が周辺に多数あり、それらの企業と協力することで、短期間での開発が可能となったのです。

レンズ研磨
比較的戦争の被害が少なかった板橋区は戦後の復興が早い地域でした。レンズ研磨工場などの町工場が広がり、双眼鏡などを中心とした光学産業が大きく伸びていきました。写真は、昭和30年代のレンズ研磨作業の様子です。

カメラの組み立て
光学産業はレンズや鏡体などの部品製作、組み立てなどの各製造工程を独立した企業が行い、それが組み合わされてひとつの製品を生み出していきます。

データで見る「東京都の光学機器・レンズ製造企業」

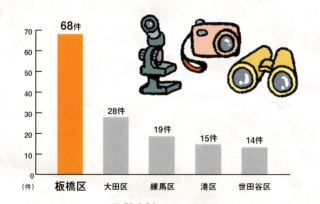

光学機器・レンズ製造企業 ベスト5

- 板橋区 68件
- 大田区 28件
- 練馬区 19件
- 港区 15件
- 世田谷区 14件

光学機器・レンズ製造企業数は、全国で東京都が第1位。その東京都内でも板橋区は第1位であり、日本でもっとも光学機器の製造がさかんな地域です。近年では高度な光学技術を応用した、医療機器や測定機器の開発も行われ、「光学の板橋」は着実に進化しています。

出典：「グリーンページ・データベース調査（2016年4月）」

板橋区ってこんなところ

東京のものづくりの町

製造業がさかんな「ものづくりのまち」である板橋区。地域は平均海抜30メートル前後、南部の武蔵野台地と、北部の荒川の沖積低地で形成されています。地名「板橋」は、1932（昭和7）年に東京市板橋区として誕生しましたが、江戸時代に中山道の一番目の宿場が「板橋（下板橋）」に置かれ、江戸の出入り口として繁栄しました。

江戸時代、板橋宿は中山道有数の宿場町として栄え、多くの人々が往き来しました。

糖度・濃度計のココがスゴイ！

コンパクトで使用方法も簡単なPALシリーズは、サイズだけでない魅力にあふれています。

スゴイ！1 破壊と創造の末 製品の小型化に成功

製品の小型化は、これまで製品の個々の部品を単に小さくしているのではなく、従来の主要部分だった部品をなくしたり、特性の違う部品を活用したり、新しい部品を加えたりと、まったく違うものを開発するような形で作られました。社員たちの発想力と技術力の結晶です。

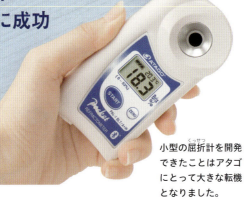

小型の屈折計を開発できたことはアタゴにとって大きな転機となりました。

1976（昭和51）年に開発された、世界初のデジタル屈折計。当初は高さ30センチと大きなサイズでした。

開発メモ

わずか半年という急ピッチで完成させたPAL1号機

PALの開発は、非常に短期間で行われました。ある年の秋に、日本の他社で小型の屈折計を開発しているとの情報が入りました。屈折計の老舗であるアタゴとしては負けるわけにはいかず、社長の指示で翌年の春に1号機を発売することが決まりました。通常、1年半から2年ほどかかる新製品の開発を、わずか半年で行ったのです。

スゴイ！2 人間工学に基づき 使いやすく、わかりやすく

人間工学に基づき、「使いやすさ」「わかりやすさ」を追求。大きく見やすいデジタル表示の液晶ディスプレイに、片手だけで測定できるボタンレイアウトを実現。握ったときにしっくりくる左右非対称のフォルムで最適な大きさ・厚さ・重さを実現しました。

スタートボタンが使いやすい位置に配置された、美しい流線型のボディ。グッドデザイン賞も受賞しています。

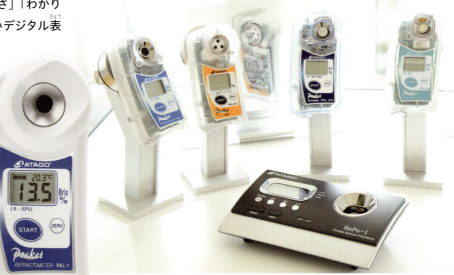

PALシリーズ（奥）と、屈折率と施光度を測定するRePoシリーズの製品（手前）。

スゴイ！3 丸洗いできる衛生設計

グリップなどの分割されたパーツを使わないようにすることで、危険な雑菌の繁殖しやすい溝部分を減らす設計にしました。それでも雑菌の溜まりそうな溝は器械にはつきもの。そこで器械全体を丸洗いできる防水機能を搭載し、清潔に保てるようにしています。便利に使ってもらうためには、防水加工や材質選びなど、利用法に対応した技術も必要です。

安心の防水設計で、汚れた際にも安心です。

開発の歴史

関連会社と協力して開発をスタート

短期間での開発には、協力会社との連携が欠かせませんでした。PALの製作にあたってはフィルターや金型、光学計など、使用する部品が数多く必要で、専門の知識も必要となります。そこで新製品開発の時の会議から地元板橋の光学部品の関連会社やデザイナーなどに入ってもらい、共同で開発をスタートさせたのです。

板橋区には、光学産業のさまざまな製品工程を担う工場が近接していたため、光学産業の発展に優位な地域となりました。

機械編

液体を測る糖度・濃度計／株式会社アタゴ

スゴイ！4 誰にでも扱いやすい カンタン操作で正確な測定

製造や開発の現場で使用する器具にも関わらず、複雑な操作は一切不要です。誰にでも簡単に扱えます。測定対象のサンプルをプリズム面に数滴たらし、スタートボタンを押すと測定結果が表示されます。牛丼屋さんが肉を煮る汁の濃度を測るような場面でも、活躍しているところを見ることがあります。

①サンプルをたらす。

②スタートボタンを押す。

③結果が表示される。

開発者インタビュー

小さくても芯のある会社であり続け、お客様が喜ぶこと、びっくりすることをしたい

NEXT部部長 **中島吉則さん**

1979(昭和54)年入社、2002(平成14)年から翌2003年にかけて、6カ月という短期間で、ポケット糖度計・濃度計「PAL」を開発。

Q1 製品を開発しようとされたきっかけは？

国内のライバル会社が小型デジタル屈折計を開発したという情報が入り、屈折計の老舗として負けられないという思いが開発につながりました。測定範囲は未定、小型イメージセンサ(取り入れた光を電気信号に変換する機器)は未決定の状態で初会議からデザイナーや金型メーカーに出席をお願いするなど、通常ではありえない形で開発が始まりました。

もともと屈折計の設計をしており、そのとき失敗した経験が多く生かされています。

Q2 開発にどのくらいの時間がかかりましたか？

約6カ月間です。開発期間が短く大変でした。どのようなイメージセンサが最適なのか決められず頭を悩ませていたとき、電気に詳しい部下から「今回はこの輸入品のタイプのセンサを試してみませんか」と後押しがあり、助けられました。

Q3 開発にあたって苦労されたことや工夫されたことは？

光学計では金属メッキを使うと乱反射の恐れがあるため避けるのですが、高級感のあるデザインに仕上げるため微妙にスモークのかかったメッキを採用しました。単なる小型化にならないようデザイン性も重視していたので、あえて難しいハードルに挑戦しました。

Q4 製品が完成し、お客さんからはどのような反応がありましたか？

発売当初はお客様からの意見を募りました。トラブルが発生した製品が50台ぐらい集まりました。それぞれのパッキングの悪さだったり、中に入っているフィルターが良くなかったりしたので直しました。以後は大きなトラブルもなく、良い製品と評価をいただいています。

Q5 今後も製品をどんどん世界に飛び立たせていきたいですか？

20年以上、光学計を作ってきましたが、スペインのある粘度計を日本の品質で作りたいということで、その開発に携わっています。2015(平成27)年8月から販売も開始しました。お客様が喜ぶこと、びっくりすることをしたいと私たちは常々思っています。今後も、小さくても芯のある会社であり続けたいです。

PALについては展示会で他社が1種類のみのところ、アタゴは20種類を並べてアピールしました。

展示スペースの中では、実際にさまざまなものの糖度を測って展示しました。

世界に飛び立つ「糖度・濃度計」

優れた機能性と安全性で世界154カ国で利用される

PALシリーズは優れた機能性に加え、丸洗いできる衛生設計、使いやすさなどの理由で、海外での需要も高く、世界154カ国で使用されています。また、食の安全や製品の品質が重視され、輸出においての品質管理も必須となっているため、安全性を数値化できるPALシリーズは新たなお客さんを増やしています。

機械編

液体を測る糖度・濃度計／株式会社アタゴ

「糖度・濃度計」の主な輸出先

- **ドイツ**：自動車の製造加工に使う油の濃度を計る時に使われています
- **アメリカ**：アイスクリームの糖度を計る時に使われています
- **アラブ首長国連邦**：石油の濃度を計る時に使われています
- **ガーナ**：チョコレートの濃度を計る時に使われています
- **イタリア**：トマトソースの濃度を計る時に使われています
- **オーストラリア**：ネーブルの糖度を計る時に使われています

日本と海外 こんなところがちがう！

地域の特性に合わせた幅広い使用用途

PALシリーズは使用方法が簡単なことが特徴のひとつです。また飲料や食品関係のほか、金属加工、医療の臨床分野などにも応用できるため、各国の地域性が出やすいのも特徴です。アメリカはアイスクリーム、イタリアはトマトソース、ガーナではチョコレートの糖度を調べる際に使用されるほか、ドイツでは自動車の加工に使われる切削油の濃度管理にも使用されます。

びっくり！ THE WORLD

石油の濃度チェックにも使われる

PALシリーズは、食品以外にも使用されます。中東のアラブ首長国連邦では石油の濃度を測るのに使用されています。濃度を正しく測定することで、石油の中に不純物がないかを調べ、安定した品質になっているかどうかを確認しています。

濃度計は世界各地の産業に根付き、さまざまな用途に使われています。

世界で活躍するGNT企業

日本には世界的に活躍する企業がたくさんあります。なかでも、特定の分野で世界的に高いシェアを持つ企業は、「グローバルニッチトップ企業（GNT企業）」と呼ばれます。

小さな市場で世界的に活躍する企業がGNT企業に選ばれる

GNT企業のグローバルは世界、ニッチは特定の小さな市場を意味します。日本は、自動車、半導体製品、鉄鋼などの大きな市場への輸出が盛んですが、この本でも取り上げている東和電機製作所「自動イカ釣機」、あいやの「抹茶」など、特定の市場に向けて世界的に輸出される製品も少なくありません。

経済産業省では、2014（平成26）年に、このような企業を「グローバルニッチ企業」と名付けました。そして、右の図のように市場規模や海外シェアを基準に100社を選び、どのような製品を開発、販売し、どのような考えで会社を経営しているかを発表しました。今後、海外での活躍を目指す企業に向けて、どのようなモノが海外で需要があり、海外進出に向けてどのような経営戦略を持つべきか、その指針とするためです。

「GNT100選」から、身近なモノを作っている企業を、下の表で見てみましょう。

GNT企業の条件

大企業
- 特定の商品・サービスの世界市場の規模が「100〜1,000億円」程度
- 過去3年以内で、1年でも「20％以上」の世界シェアを確保したことがある

中堅企業・中小企業者
- 特定の商品・サービスについて、過去3年以内で、1年でも「10％以上」の世界シェアを確保したことがある

※中堅企業は、大企業のうち、直近の売上高が1,000億円以下の企業

GNT100選に選ばれた企業の一部

会社名	製品名	製品や販売サービスの特徴
株式会社富士製作所	即席麺一貫製造ライン	即席麺製造を原料の加工から包装まで、一貫して行う機械を製造。世界シェアは4割です。国や企業ごとに異なる、電気、水、蒸気などの状況に合わせ、きめ細かな対応をしています。
株式会社マスダック	全自動どら焼機	元々、国内で圧倒的なシェアを誇っていた全自動どら焼機を、チョコレートクリームをはさんだパンケーキ用にアレンジし、海外では「サンドイッチパンケーキマシーン」として広く知られています。
コジマ技研工業有限会社	万能自動串刺機	焼き鳥やおでんなどで使われる串刺機。食肉・水産・農産物・菓子など「何にでも刺せる」を合言葉に、世界シェア9割を占めています。この機械で刺したコンニャクは、30回振っても抜けません。
株式会社ヤナギヤ	カニカマ製造装置	本物のカニよりも美味しいと言われるほどのカニカマ製造装置を開発。国別の安全基準を満たしつつ、「カニカマ」を生産する21カ国のうち、19カ国で使用され、年間30万トン近く製造しています。
四国化工機株式会社	屋根型紙容器成形充填機	屋根型の紙パックに飲料を詰める「屋根型紙容器成形充填機」を世界40カ国以上に輸出しています。牛乳や果肉の入ったジュースなどさまざまな液体を、短時間で容器に詰められる機械です。
株式会社エルエーシー	オートボディプリンター	自動車やトラック、バスなどの車体に直接印刷できる、世界で唯一の機械「オートボディプリンター」を開発。この機械を使うことで手間や費用を大幅にカットできます。印刷の塗り替えもできます。

第2章 食品・モノ編

世界で愛される食品や医療器具、スポーツ用品の中から、特殊な技術や長年培ってきた経験が活かされた製品を紹介します。

- ボールペンの微細バネ
- 高精度医療器具
- 発酵食品に欠かせない種麹
- バレーボール公式試合球
- あいやの抹茶
- 超精密ピンセット
- 白鳳堂の化粧筆

世界が認める西尾の抹茶

愛知県西尾市　株式会社あいや

飲むためのお茶から、食品加工用原料の抹茶へ

あいやの抹茶

特許庁から地域ブランドとして認定されている「西尾の抹茶」。その西尾市にのれんを掲げるあいやは抹茶を食品加工用原料ととらえ新しい市場を開拓し、全国有数の抹茶メーカーに。その抹茶は海外でも、お菓子や飲料に使われています。

あいやの抹茶

どんな製品？

伝統を重んじつつ、最新の設備で高品質な抹茶を製造

碾茶（抹茶の原料となる茶葉）の全国生産量トップクラスの西尾市で、生産者（農家）と共同研究、栽培計画に始まり、茶臼碾きによる抹茶製造、品質管理など一貫した体制で、茶道用、食品加工用になる抹茶を製造しています。また、各種オーガニック認証を取得し、国内ばかりでなく、海外での販売も行っています。

会社データ

- **創業** 1888（明治21）年
- **資本金** 3,000万円
- **従業員** 104名（2016年4月現在）
- **事業内容** 抹茶をはじめとする茶類の製造・卸販売
- **所在地** 愛知県西尾市上町横町屋敷15番地（本社）

なぜ？ いつから？ 「愛知県西尾市」で誕生したワケ

食品・モノ編

あいやの抹茶／株式会社あいや

地場産業として茶が栄えた歴史とともに創業

　日本有数の抹茶生産量を誇る西尾の抹茶の歴史は、1271（文永8）年、聖一国師という僧侶が宋（中国）から持ち帰った茶の種を境内にまいたことに始まります。栽培が本格化したのは1872（明治5）年頃。鎖国が終わり、生糸と茶を海外へ輸出していた時代、多くの人々が茶業を始めました。あいやの創業者・杉田愛次郎もその一人でした。愛次郎は当初より玉露などの上級茶の製造を目標に掲げ、その製茶技術が後に抹茶の原料となる碾茶の製造へとつながりました。

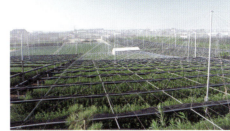
稲荷山茶園公園

初代杉田愛次郎（写真右下）や西尾茶の基盤づくりに力を尽くした杉田鶴吉らが稲荷山一帯の茶園を開墾し、1888（明治21）年に茶と藍玉製造を手がける杉田商店を興しました。これがあいやの原点です。

抹茶イベント
2006（平成18）年に行われた茶会は1万4,000人以上もの人が参加し、ギネス世界記録に認定されました。春には地元の学生が茶摘み体験を行うほか、祭りで抹茶が振舞われるなど抹茶に関連したイベントも数多く行われます。

データで見る「碾茶生産量」

市町村別碾茶生産量

全国 約2,243トン
- 京都府相楽郡和束町 約25%（約563トン）
- 西尾市 約18%（約400トン）
- その他 約57%

　荒茶（茶畑でとれた茶葉を蒸して乾燥させたもの）を分類すると、煎茶（約5万2,500トン）、番茶（約2万500トン）などがあります。抹茶の原料となる「碾茶」は全国で約2,243トン生産されています。西尾市が占める割合は、市町村別生産量で全国有数となる約18%です。

西尾市ってこんなところ

国内有数の抹茶の生産地

　西尾市は国内有数の抹茶の生産地。年間を通して温暖な気候、矢作川の豊富な水資源、水はけの良い肥沃な土壌など自然条件が整っていることに加え、抹茶を碾くための茶臼に使われる花崗岩の産地が近かったこと、喫茶文化になじみのある名古屋という販売先が近かったためです。「六万石の城下町」として古い街並みを散歩できるのも魅力です。

シンボル的存在の西尾城や茶の湯文化を伝える旧近衛邸など、西尾の歴史を感じられる西尾市歴史公園。

出典：愛知県茶業連合会「平成25年産てん茶生産量」、京都府「平成25年度京都府茶業統計」、農林水産省大臣官房統計部「作物統計」
※上記資料を元に編集室でデータを取りまとめました。

「あいやの抹茶」のココが スゴイ！

伝統技術と、最新のテクノロジーを組み合わせ、日本が誇る抹茶文化を世界に発信しています

スゴイ！1 伝統的な茶臼製法で高品質な抹茶を製造

高品質な抹茶は原料である碾茶を茶臼で碾くことで作られます。臼の回転数は1分間に約55回転。臼の回転によって生まれる熱で風味を損なうことのないように一定の速度に調整されています。そのため、1台の茶臼からは茶道用の高級抹茶は1時間で40グラム（郵便はがき13〜14枚分の重さ）ほどしか作ることができません。また、臼が摩耗していると良い抹茶を碾くことができません。そのため、あいやには目立てと呼ばれる職人がいて、絶えず茶臼のメンテナンスをしています。

古くから伝わる伝統の技術は、師から弟子へと受け継がれていきます。茶臼は、高品質な数ミクロンの抹茶を作るのに、なくてはならない道具です。

スゴイ！2 抹茶を科学的に分析し食品加工用として広めた

食品メーカーに原料として使ってもらうためには、成分の表示や安全性の証明が必要となります。品質管理部では抹茶の色差、水分、粒度ほか、一般生菌、大腸菌群、カビ、酵母、茶の成分分析、残留農薬検査などを行っています。科学的根拠に基づいて抹茶を客観的に分析できるようにしたことで、茶道用が中心だった需要を食品加工用へと広げました。

抹茶を食品としてとらえ、数値的根拠をもとに抹茶を分析します。

品質管理部。抹茶の品質を管理し、安心、安全な製品をお客様へお届けしています。

📝 開発メモ

茶道用抹茶と食品加工用抹茶はどこが違う？

茶道用の抹茶は、味わい、香り、緑色の鮮やかさなど、お客さんの好みに合わせて購入されます。それに対して食品加工用抹茶は、抹茶とそれを混ぜ合わせるものとの相性が重視されます。あいやでは、例えばチョコレート、アイスクリームと合う抹茶は何かと試作をしながら、商品ごとのバランスに合わせて厳選しています。

スゴイ！3 業界の長年の夢 色あせしにくい抹茶を開発

抹茶の魅力は味や香りだけでなく、その鮮やかな緑色の美しさにあります。しかし、食品加工の際、どうしてもその鮮やかさは失われてしまいました。あいやは10年以上もの研究を重ね、色あせしにくい抹茶という業界長年の夢を、2009（平成21）年に完成させました。それが退色防止抹茶「グリーミナル®OM」です。

「グリーミナル®OM」は、通常の抹茶に比べて深く濃い緑色。特殊な製造工程を経て、抹茶に食用油脂を均一にコーティングしています。30日後でも色の鮮やかさが保たれるのです。

※蛍光灯の下で、常温（20〜26度）、湿度（30%〜60%）で比較した結果

スゴイ！4 有機栽培をいち早く導入して 安全基準の厳しいヨーロッパに進出

化学肥料や農薬の使用を避けて栽培管理された碾茶から作られる抹茶、有機抹茶。1978（昭和53）年、あいやは約20年をかけて、それを実現しました。ヨーロッパの食の安全基準は特に高く、抹茶の輸出には厳しい規制がありました。しかし長年にわたる有機抹茶の実績をもとに、2003（平成15）年、あいやはヨーロッパにも輸出を開始しました。

開発の歴史

各産地の製茶技術を取り込み、最高品質のお茶作りを目指す

西尾でのお茶の栽培は明治以降で、京都や静岡に比べて後発です。そのため、西尾の地ではどこよりも品質の高いお茶の製造を目指しました。各地の優れた製茶技術を積極的に取り込み、さらに、お茶の中でも抹茶に特化し、全国でも有数の抹茶の産地となりました。

設立当初は藍玉と茶の両方の製造を行っていましたが、やがて茶事業に一本化し、抹茶作りに取り組みました。

EUにおける有機認証のマーク。

アメリカにおける有機認証のマーク。

食品・モノ編

あいやの抹茶／株式会社あいや

あいやの抹茶のできるまで

手間をかけて作る数ミクロンの抹茶粒子

抹茶は茶葉を育てる、摘む、蒸す、乾燥させる。葉の部分のみに選別する、碾くという工程を経て作られます。

 1 八十八夜過ぎの茶摘み

新芽が芽吹く4月上旬、茶葉に旨みを蓄えるため黒い覆いをかけ育て、5月上旬から茶摘みを始めます。

 2 茶葉を荒茶、碾茶へ加工

茶葉を蒸し、乾燥させて荒茶に。茎や葉脈を取り除き、再乾燥させ、碾茶になります。

 3 碾茶を抹茶へ加工

湿度、温度が一定に保たれた抹茶製造室で、茶臼によって数ミクロンの抹茶が作られます。

 4 抹茶を包装し、出荷を行う

品質管理部による入念な検査にクリアした抹茶のみを包装し、国内外へ出荷します。

開発者インタビュー

日本の文化であり、健康にも良い抹茶を世界中に届けることが使命です！

代表取締役 **杉田芳男さん**

リプトン紅茶につとめた後、1971（昭和46）年に株式会社あいや入社。1989（平成元）年に現職の代表取締役に就任。西尾茶業振興協議会会長、西尾商工会議所会頭、西尾市観光協会会長等も務めている。

Q1 食品市場に参入する時、どのようなところに苦労しましたか？

その当時、抹茶は、茶道用が主な用途でしたが、より多くの人に抹茶の魅力を知っていただきたくて加工食品市場への参入を目指しました。しかし、加工食品市場で求められる品質基準は当時、お茶に求められる基準のはるか上を行くものでした。そこで社内に新たに品質管理部を設立し、徹底した品質管理を行い、社員一丸となり、新たな市場の開拓に挑みました。

Q2 「グリーミナル®OM」の開発を始めたのはなぜですか？

食品加工市場に参入した際、品質管理とともに課題となったのが食品加工した際の抹茶の退色です。抹茶の魅力は、色、味、香りと言われていますが、その中でも、ひと目でわかる色の魅力は抹茶の市場拡大にとって重要でしたし、食品業界からも強く求められていました。試行錯誤の末、「グリーミナル®OM」にたどりつきました。

鮮やかな色は、あいやの技術の結晶。

Q3 海外の市場はどのように意識しましたか？

抹茶は日本の伝統食材で、美味しいだけでなく、健康にも良い。この抹茶の魅力を世界中に発信したい。それが私の夢でした。まず、健康志向の強いアメリカを目指しましたが、当時は誰も抹茶を知らず、販売は困難を極めました。そこで、アメリカ人が好きなアイスクリームに抹茶を混ぜたりしながら、地道に普及活動をしました。その中で健康にも良い、という点がマスコミにクローズアップされ、少しずつ認知度が上がっていったのです。

地道な普及活動が実り、いまではアメリカでも抹茶は広く知られ、抹茶を好む人が増えています。

Q4 今後も製品をどんどん世界に飛び立たせていきたいですか？

抹茶の老舗として国内では「西条園」というスイーツブランドを通じ、子どもからお年寄りまで幅広く抹茶に親しんでもらう機会を作りたいと考えています。海外ではアメリカ、ドイツ、オーストリア、中国の現地法人とともに、世界中に抹茶文化を普及したいと考えています。

写真はあいや（本店）。

西条園の抹茶ラスク。

西条園のロゴマーク。モチーフは、伝統的な茶臼碾き製法の茶臼です。

世界に飛び立つ「あいやの抹茶」

高品質で安心・安全なあいやの抹茶を世界へ

あいやでは、アメリカ、ドイツ、オーストリア、中国にそれぞれ現地法人を持ち、世界中に抹茶を届けています。あいやの抹茶は、食品の安全を管理する「AIBフードセーフティ」監査において、最高の評価である「Superior」を7年連続で達成し、世界中の方に安心して抹茶を利用してもらっています。

食品・モノ編

あいやの抹茶／株式会社あいや

「あいやの抹茶」の海外展開

- ドイツ・ハンブルグ　AIYA Europe GmbH
- アメリカ・ロサンゼルス　AIYA America
- 中国・上海　AIYA China
- オーストリア・ウィーン　KISSA Tea GmbH

あいやは世界の4つの都市にある現地法人を拠点に営業活動を行い、世界中に抹茶を届けています。

海外で販売されている抹茶のパッケージの一例

日本と海外 こんなところがちがう！

欧米では健康のための抹茶が大人気

抹茶は美味しいだけでなく、美容効果、アンチエイジング（老化防止）効果、肥満予防、リラックス効果など、たくさんの体に良い効果・効能があるとされています。

ヨーロッパやアメリカでは近年、抹茶の持つ効能に注目が集まっています。そして、健康のために積極的に抹茶を生活に取り入れる人が増えています。

びっくり！ THE WORLD

日本文化を押しつけず文化に合わせて普及

あいやは、ヨーロッパではあまりなじみのなかった抹茶の普及にも努めました。なかには砂糖やシナモン、ブラックペッパー、生クリームなどを入れる人もいましたが、それも相手の文化と捉え、日本流の抹茶文化を押しつけはしませんでした。

日本の伝統文化である抹茶は、しだいに海外の人にも親しまれるようになっています。

発酵食品や薬の素として海外でも活用

秋田県大仙市　株式会社秋田今野商店

日本食を飛び越えて、世界の食を支える縁の下の力持ち

発酵食品に欠かせない種麹

酒や味噌などの発酵食品の醸造に欠かせない菌類を100年以上にわたり作り続けている秋田今野商店。種麹屋と呼ばれる麹菌を作る会社は珍しく、「今野もやし」は、発酵の世界で知らない人はいないほどです。

種麹（黄麹菌）

種麹（純白麹菌）

種麹（黒麹菌）

どんな製品？

麹菌を生み出す種麹　酒造・醸造メーカーが活用

醤油や味噌、日本酒、みりん、酢などの原料である麹を作る素となるのが麹菌です。別名を「もやし」といいます。木々が芽吹く様子を「萌える」といいますが、ここから「もやし」になったとされています。麹は、麹菌がないと作れません。その麹菌の種となるのが種麹です。種麹は、酒造や醸造メーカーなどで利用されています。

会社データ

創業	1910（明治43）年
資本金	3,600万円
従業員	30名
事業内容	種麹、酵母菌、乳酸菌の製造販売、有用微生物の製造販売、醸造食品用機器・資材販売
所在地	秋田県大仙市字刈和野248

なぜ？ いつから？ 「秋田県大仙市」で誕生したワケ

食品・モノ編

発酵食品に欠かせない種麹／秋田今野商店

戦争の中、生活に必要な調味料の原料を求めて

　1909（明治42）年、「酒モヤシ今野菌」を発見した創業者の今野清治が、翌年、故郷の秋田から弟たちを呼び寄せ、京都で麹菌や醸造用の機械・器具を製造販売する今野商店を立ち上げさせました。その後、大阪に拠点を移し会社を発展させましたが、太平洋戦争が始まり、原料である玄米の入手が困難になりました。そこで故郷である秋田に工場を移し、種麹を作り続けました。これが、秋田今野商店が秋田にある理由です。

寒麹
秋田では昔から寒麹という麹を使った調味料が使われています。寒い環境で糖化させて作るため、甘みとコクがあります。漬け物の元ともいえる秋田の伝統的な調味料です。

独自の発酵食文化
食米どころ・秋田には、いぶりがっこという燻製にした漬物（写真右下）や、ハタハタ寿司（写真右上）、地酒などおいしいものが多くあります。保存に強い独自の発酵食文化が発達しており、お米で作られる麹はまさにそのひとつです。

データで見る「全国の米の生産量」

全国の米の生産量 ベスト5

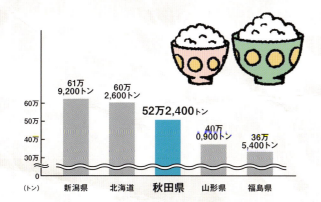

- 新潟県 61万9,200トン
- 北海道 60万2,600トン
- 秋田県 52万2,400トン
- 山形県 40万0,900トン
- 福島県 36万5,400トン

　秋田といえばやっぱりお米。米の生産量では全国3位です。明治時代、農業技術指導者の石川理紀之助は全国の米食比率のトップは羽後の国（秋田）という記録を残しました。かつては麹屋が各集落に必ず1軒はあったことからも秋田の人々にとってお米が身近だったことがわかります。

出典：農林水産省「平成27年作物統計」

大仙市ってこんなところ

穀倉地帯に水田が広がる

　東を奥羽山脈、西を出羽山地に囲まれた大仙市は、2005（平成17）年に1市6町1村が合併して誕生しました。大部分を占める仙北平野は国内有数の穀倉地帯で、区画整理された水田が広がります。大曲地区で毎年8月に開催される「全国花火競技大会」は「大曲の花火」とも呼ばれ、日本三大花火大会のひとつとして知られています。

秋田県をはじめとして、東北地方では米作りが農業の大半を占めています。耕地面積の約7割が水田です。

「種麹」のココがスゴイ！

醸造食品の素になる種麹には高い技術が詰まっています。

スゴイ！1 職人芸の世界に科学の目を導入

創業者の今野清治は大阪高等工業学校（現在の大阪大学工学部）で醸造学を学び、昔ながらの培養技術に微生物学という近代科学の分野を持ち込みました。当時、醸造の仕事は個人の経験と勘に頼る職人技の世界だったのですが、日本で初めてフラスコによる無菌培養を成功させ、科学的な技術を確立させたことによって、安定して麹菌を生産できるようになりなりました。

100年以上前に作られた特製のフラスコ。通常のものに比べて口を広くすることで発酵を促すほか、培養後の胞子の着生量が多くなるよう底面積が広くなっています。

スゴイ！2 他機関との共同研究で30件以上の特許を取得

新たな麹菌の研究開発は、自分の会社で行うだけではありません。東京大学微生物研究所と「白ウサミ菌B11」を共同開発したり、味噌の麹菌「AOK139」を秋田県総合食品研究所との共同研究で見つけるなど、社外の機関と協力して研究し、30以上の特許を持っています。

研究所内で続けられた、70年以上にわたる数えきれないほどの実験や作業によって蓄積した種麹についてのデータは、世界に誇れる量です。

研究所のような本社にはいくつもの実験室があり、菌類を製造する工場は5棟。ここの研究者から大学教授になった社員もいます。

📝 開発メモ

麹菌を作っているのは日本でわずかに3社だけ

日本で酒、味噌、醤油、みりん、焼酎、これらの全部の菌を作っているのは3社。味噌だけ、醤油だけを専門で作っている会社を合わせても5社くらいしかありません。これら醸造食品は、安定した種麹を作り続ける高い技術がないと、原材料が同じでも麹によって味が大きく変わってしまいます。安定した種麹を提供できる技術力こそが、食品メーカーや酒造メーカーからの信頼を得る重要なポイントです。

食品・モノ編

発酵食品に欠かせない種麹／秋田今野商店

スゴイ！3 1万種の菌をマイナス80度で保存

秋田今野商店には、独自の培養技術で作られた約1万種類の菌が保有されています。健康食品や医薬品、化粧品などのさまざまな製品で、菌が原料になるものであれば、ほとんどのものは提供することができるそうです。

長年にわたって貯蔵した1万種類の菌がマイナス80度の冷凍庫で保管されています。金庫ならぬ「菌庫」です。

開発の歴史

麹菌を日本で初めて学問的に研究した今野清治

近代微生物の世界を学んだ創業者の今野清治は、日本で最初に三角フラスコで雑菌がまったくない種麹を作りました。清治の作った菌は非常に高純度で、「今野の菌を使うと酒が腐らない」「いい味噌ができる」と評判になったそうです。

今野清治は、種麹作りの基礎をつくりあげ、「近代醤油醸造の父」とも呼ばれています。

スゴイ！4 麹菌を作る技術を応用し抗生物質も製品化

麹菌の胞子を1個だけ選んで培養し、種麹にする技術は腫瘍麹菌の仲間のカビ菌全般に応用が効きます。例えば抗生物質の「トウトマイシン」「サイトトリエニン」は秋田今野商店で放線菌（抗生物質を作る細菌）などの培養でできる物質を精製して製品化され、大手の製薬会社を通じ、世界中の研究者の手に渡っています。

培養室の様子。古くからある伝統的な手法を、新たな最新技術の実現のために応用されています。

玄米から種麹菌ができるまで

人の目利きありきで種麹は作られる

種麹は機械で作りますが、麹菌を育てるためには人間の目で見ることも大切です。色や形、そして見た目の雰囲気も重要なのです。

1 玄米を処理し高圧滅菌釜で蒸す

玄米を精米、洗米し、水分を十分に吸水させた後、完全に水を切り、高圧滅菌釜内で蒸します。

2 腐敗を防ぎ栄養をつける

製麹機で放冷、種付け、床の工程を行った後、腐敗を防ぎ栄養をつけるため木灰を添加します。

3 麹菌を増殖させ麹菌の胞子を成形

麹ブタに入れて麹菌を増殖させた後、温度を下げて胞子を成形。乾燥させると粒状種麹が完成。

4 αデンプンを混合して検査後、製品に

粒状種麹をふるいにかけて分生子という胞子を回収し、αデンプンを混合。検査を経て、製品に。

開発者インタビュー

麹菌の可能性を切り拓きたいから、これからも研究を続けます

製造部長 佐藤勉さん

秋田市生まれ。地元の農業系の高校を卒業後、1975年に秋田今野商店に研究員として入社。麹菌の開発だけでなく、微生物を使った農薬の開発なども進めている。

Q1 種麹を開発するにあたり、どんなところに苦労しましたか?

菌は生き物だということです。相手は自然のものなので、日々の状況で少しずつ状態が変わります。普段から誰より早く午前7時前には職場に来て、麹菌の状態をチェックします。「今日はへたっているな」と感じると部屋の温度を上げて、元気にしてあげる。品質が変わらないよう維持するのがとても大変です。

研究は複数の顕微鏡で、菌の状態が徹底的に分析されます。

Q2 開発にはどのくらいの時間がかかりますか?

菌は数カ月でできることもありますが、最短でも1年は試行錯誤します。そして菌は原料、材料なので、半年から1年寝かしたうえで最終製品を判断しないといけません。発酵期間を含めると2〜3年はかかります。そしてその菌に対して、メーカーなどからOKが出て、初めて市販される製品になります。

Q3 海外の市場はどのように意識しましたか?

日本酒の消費量が落ち込んできた頃、技術の原点に立ち返る思いから、1993(平成5)年に国などの融資を受け、真菌類機能開発研究所を設立しました。さまざまな菌の培養や精製を通じ、製薬会社や研究機構とのつながりができ、新規分野進出のきっかけとなり、海外進出のステップにもなったと思います。

Q4 海外のお客様からはどのような反応がありましたか?

日本食の影響がアジアで広がってきています。例えば、インドネシアには醤油文化がありますが、中国タイプの甘くてドロッとしたものしかありませんでした。そこで日本的な醤油を作りたいと問い合わせがきたので、日本的な技術を現地で伝えたところ、その会社が発展して大会社になったということもありました。

Q5 今後も製品をどんどん世界に送り出していきたいですか?

現在、ヨーロッパ、アメリカ、東アジアの国々と取引があります。最近は焼酎、日本酒、味噌などを海外で作ることもありますが、20年以上前から醸造用に限らない有効な菌を作り出す仕事に取り組んでいます。稲などの農作物に付く害虫にカビを付着させ、結果的に死に至らしめる効果が期待できる微生物農薬の開発にも力を入れています。麹菌の可能性を切り拓くために、今後も研究を続けていきたいと思います。

気体の中の特定のガスの濃度を測る装置など、特殊な機械も使われます。

世界に飛び立つ「種麹」

食品・モノ編

発酵食品に欠かせない種麹／秋田今野商店

世界に広がる和食文化 さらに薬の開発も

　麹菌を使う和食文化は海外でも年々人気が高まっています。こうした海外需要の高まりを受け、ユダヤ教とイスラム教の教えを守れる「コーシャ」「ハラル」の認証も取得しました。これにより原料の品質が保証され、信頼の証となっています。また、近年では菌類の性質を活かした薬の開発もこの会社は行っています。

「種麹」の主な輸出先

チェコ
菌を使って甘酒をジャムのようにした加工品が作られています

インドネシア
醤油などを製造するための種麹を、インドネシアから日本まで直接買い付けに訪れます

アメリカ
現地で日本酒が製造され、原料の種麹が粉末状のパックで海を渡っています

日本と海外 こんなところがちがう！

長寿で知られる日本人に欠かせない日本食に注目

　海外では、穀物や野菜などを中心とした「マクロビオティック」という、長寿の食のあり方が注目されています。日本人はもともと肉をあまり食べず、穀物中心の食生活でした。海外の人々は長寿である日本人の秘密は食べ物にあると考え、弥生時代から根付いている日本人の食文化に注目したことから、味噌や醤油などの麹を使ったものが海外でも受け入れられています。

びっくり！THE WORLD

天然甘味料として欧州でも甘酒が人気

　ヨーロッパでは、麹を使って高濃度に濃縮させた、とろみの強い甘酒を「AMAZAKE」として販売しています。「AMAZAKE」は、メープルシロップやハチミツのコーナーに置かれ、砂糖を使用しない天然の甘味料として、お菓子の材料などに使われます。

甘酒を作る時に使用される種麹。現在はヨーロッパでも甘酒は好まれています。

2020 Tokyoでも公式球に採用！

広島県広島市　株式会社ミカサ

ハイテク技術を駆使して、コントロール性を高めた

バレーボール公式試合球

1964（昭和39）年の東京オリンピック以降、ほぼすべてのオリンピックで使用されているミカサのバレーボール。国際バレーボール連盟公式試合球の「MVA200」の素材となる人工合皮にはハイテク技術が使われています。

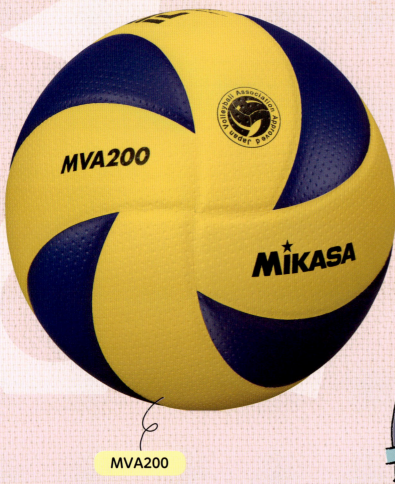

MVA200

どんな製品？

バレーボールを進化　公式試合球に採用

バレーボールのトップメーカー、ミカサが製造する「MVA200」。この「MVA200」は、滑りやすさを抑えるナノテクノロジーや風の抵抗を抑える8パネル構造などのハイテク技術が駆使され、これまでのバレーボールから大きく進化した手触りやコントロール性を実現しています。2008（平成20）年には、国際バレーボール連盟の公式試合球に採用されました。

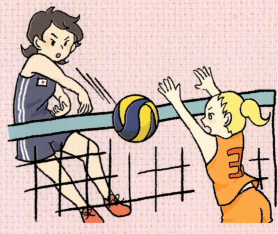

会社データ

創業	1917（大正6）年
資本金	1億2,000万円
従業員	139名
事業内容	スポーツ用品、工業用品の製造
所在地	広島県広島市安佐北区安佐町久地1番地

郵便はがき

103-0001

〈受取人〉
東京都中央区日本橋小伝馬町9-10

株式会社 理論社

読者カード係 行

おそれいりますが切手をおはりください。

お名前（フリガナ）

ご住所 〒　　　　　　　　　TEL

e-mail

書籍はお近くの書店様にご注文ください。または、理論社営業局にお電話ください。

代表・営業局：tel 03-6264-8890　fax 03-6264-8892

http://www.rironsha.com

ご愛読ありがとうございます

読者カード

●ご意見、ご感想、イラスト等、ご自由にお書きください。

●お読みいただいた本のタイトル

●この本をどこでお知りになりましたか?

●この本をどこの書店でお買い求めになりましたか?

●この本をお買い求めになった理由を教えて下さい

●年齢　　　歳　　　　　　　　　　●性別　男・女

●ご職業　1. 学生（大・高・中・小・その他）　2. 会社員　3. 公務員　4. 教員
　　　　　5. 会社経営　6. 自営業　7. 主婦　8. その他（　　　　　　　）

●ご感想を広告等、書籍のPRに使わせていただいてもよろしいでしょうか?
（実名で可・匿名で可・不可）

ご協力ありがとうございました。今後の参考にさせていただきます。
ご記入いただいた個人情報は、お問い合わせへのご返事、新刊のご案内送付等以外の目的には使用いたしません。

「広島県広島市」で誕生したワケ

なぜ？ いつから？

食品・モノ編

バレーボール公式試合球／株式会社ミカサ

ゴムの製造から始まり ボールの製造へ

広島市は針の全国シェア9割を占めます。その歴史は、約300年前の藩主の浅野氏が下級武士の内職として広めたことから始まりました。ミカサの前身である増田ゴム工業所は、1917（大正9）年に広島の針を活かした縫い合わせるゴム製品の製造会社として創業しました。1932（昭和7）年頃から世界に先がけて縫い目のない中空ゴムボールの製造を開始します。また、現在では、バレーボール作りに針は使用されませんが、製造技術を高めて、世界に飛躍していきました。

バレー王国
ミカサが1950年頃にバレーボール製造を始めた背景には、当時から広島県には「バレー王国」と呼ばれるほど強いチームが多く、バレーボールが盛んだったということも関係しているそうです。

たたら製鉄
針の原料となる砂鉄は広島県安芸太田町の加計地域で採取され、たたら製鉄によって鉄になります。現在も加計の北東にある山県郡北広島町には、約200カ所のたたら製鉄遺跡が残されています。写真は北広島町にある坤束製鉄遺跡。中央が製鉄炉です。

データで見る「広島針」

広島県の針のシェア

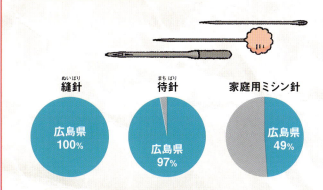

- 縫針 広島県 100%
- 待針 広島県 97%
- 家庭用ミシン針 広島県 49%

ゴムボールを作る時に使われることもある針の生産量は広島県が群を抜いています。縫針100%、待針97%でそれぞれ全国1位。家庭用ミシン針49%では第2位、その他にもかぎ針、押しピン、虫ピンなどを製造しています。全生産量の73%は海外輸出用で、広島針は世界で高い評価を得ています。

広島県針工業協同組合ホームページ

広島市ってこんなところ

平和記念都市として活動

世界遺産の原爆ドームや厳島神社などがあり、世界的に有名な観光地でもある広島市。市内の交通の中心として路面電車が活躍し、その路面電車の路線長や車両保有数・乗降客数は日本一の規模です。そして、原子爆弾が投下された歴史を踏まえ、平和記念都市として平和の確立と核兵器の廃棄を求める活動を活発に行っていることでも知られています。

原爆ドームは元々、広島県産業奨励館という広島県の物産展の展示や販売が行われる場所でした。

「バレーボール公式試合球」のココが スゴイ！

国際バレーボール連盟の公式試合球「MVA200」には長年培われた経験と最新の経験が詰まっています。

スゴイ！1 高い技術で作られたバレーボールを安定供給

東京オリンピック以降、ほぼすべてのオリンピックで使用され、全世界で公式球として使用され続けている理由には、ボールの丸さと大きさを均一に製造できるという基本技術の高さと、それを安定して大量に供給できるという供給能力の高さがあります。

ミカサでは常に技術開発を行い、新たなボールを生み出し続けています。

スゴイ！2 改良を重ね、素直な軌道でコントロールしやすく

MVA200ではボールの飛び方を追求し、表面パネルの形状やつなぎ目の深さ、ディンプル（ボールの表面の凹凸）の大きさ、深さなどのデザインを工夫。さらに、風洞実験を行って改良を重ねました。その結果、素直な飛行軌道を描き、コントロールしやすいボールが生み出されました。

ボール表面には、汗を吸収する超極細粒子「ナノバルーンシリカ」が塗られています。

人工合皮の製造会社クラレとは定期的にミーティングを行い、共同で開発を行っています。

開発者インタビュー

時代に合わせた最高のボールを作り続けていきたいです。

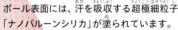

ボール・スポーツ用品部 執行役次長　**小川龍太郎さん**
2004（平成16）年入社。研究センターを経て、2013（平成25）年から現職。

Q1 開発で苦労した点はどこですか？

新たなパネル形状にしたためにパネルの設計や素材選びには苦労したと聞いています。私が担当した風洞実験に関しては東海大学と共同で行ったのですが、当時はボールの風洞実験がほとんど行われておらず、そもそもどうやって実験するか、から検討しました。

MVA200の開発では、主に風洞実験を担当した小川さん。

Q2 今後の目標を教えてください。

2020（平成32）年の東京オリンピックでもミカサのボールが使われることが決まっていますので、今後もバレーボールのスタンダード（基準）であり続けるために「バレーボールとはどういうものなのか」ということをより追求して、その時代に合わせた最高のボールを作り続けていきたいですね。

革のつなぎ目をへこませることで空気抵抗を低く減らすようにしています。

世界に飛び立つ「バレーボール公式試合球」

技術の詰まったボールを世界中に届ける

ミカサでは、北米、ヨーロッパを中心に中南米、東南アジアなど、全世界にバレーボールを中心に各種のボールを輸出しています。そして、2001（平成13）年にタイ工場を、2013（平成25）年にカンボジア工場を稼働させ、現在はほぼすべてのボールを海外の2工場で製造しています。国内工場では主に工業用品を生産しています。

食品・モノ編

バレーボール公式試合球／株式会社ミカサ

「バレーボール公式試合球」の主な輸出先

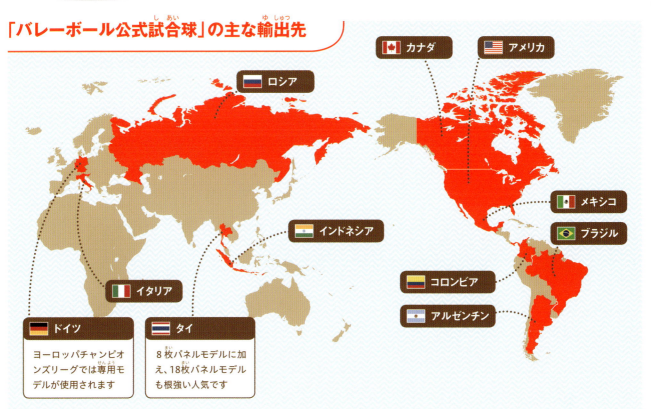

ドイツ：ヨーロッパチャンピオンズリーグでは専用モデルが使用されます

タイ：8枚パネルモデルに加え、18枚パネルモデルも根強い人気です

日本と海外 こんなところがちがう！

原料の革や内部の製法を各国の要望に合わせて変更

欧州バレーボール連盟（CEV）向けの「MVA 200CEV」は、連盟からの要望を受けて、色を従来のブルーとイエローから、ライトグリーンとイエローに変えています。緑化運動のアピールがその理由です。また、アメリカ向けの製品では、現在主流の内部のゴムに糸を巻く方法ではなく、かつて主流だった布を貼る方法で製造を行っています。

びっくり！THE WORLD

コーフボールの公式球も製造している

ミカサでは、バレーボールやサッカーなどのメジャースポーツのボール以外に、1902（明治35）年にオランダで考案され、男女8人が1チームで同じコートに入り、バスケットにボールを入れる「コーフボール」の公式試合球も製造しています。

日本では、現在、7都道府県で約100名の選手がプレーしている競技です。

世界のセレブにも愛用される

広島県安芸郡熊野町　株式会社白鳳堂

どんな顔のかたちや肌質にも合う機能的な筆を作り続ける

白鳳堂の化粧筆

化粧筆を目的や使い方に合わせた「道具」として、しっかりと研究して一から開発された白鳳堂の化粧筆は、世界中のプロから「この筆がなければ、仕事にならない」などと絶賛されるほど、高い評価を得ています。

化粧筆 S100シリーズ

どんな製品？

化粧機能を追求した最高品質の化粧筆

毛先の繊細さ、しなやかさ、芯の強さ、コシの安定さを考えて、肌触りが良く、扱いやすく、顔のどの部分にもなじみ、グラデーションなどの化粧機能に優れた「化粧道具」を追求して作られています。白鳳堂は、これを「化粧筆」と名付けました。現在の化粧筆のスタイルは、白鳳堂の筆が基本になっているとされています。

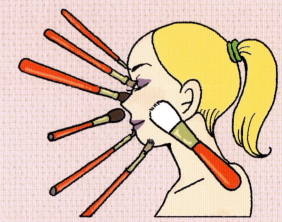

会社データ

創業	1974（昭和49）年
資本金	5,000万円
従業員	340名
事業内容	化粧筆、書道筆、面相筆、日本画筆、洋画筆、工業用筆の製造・販売
所在地	広島県安芸郡熊野町城之堀7-10-9

なぜ？ いつから？ 「広島県熊野町」で誕生したワケ

食品・モノ編 — 白鳳堂の化粧筆／株式会社白鳳堂

高品質の筆を作るために家業から独立創業

江戸時代の熊野の人々は、冬の農閑期には出稼ぎに出て、そこで得たお金で筆や墨を買い入れ、それらを売りながら熊野に帰ってきていました。その後、藩の支援を受けて筆作りの技術を学ぶ者が出始め、熊野で筆作りが広まり、明治に学校制度で書道教育が始まると大量生産が始まりました。そのような中、白鳳堂は1974（昭和49）年に大量生産品ではない高品質の「道具としての筆」を製造することを目指して創業されました。

工芸筆
日本の伝統的な製品のほとんどに筆が用いられることから、白鳳堂では「筆は日本の文化を担っている」という考えのもと、陶磁器や漆器用の工芸筆を製造して、筆という道具の伝承を図っています。

筆まつり
毎年、9月の秋分の日に熊野町で行われる「筆まつり」では、使わなくなった筆を筆塚に供養する「筆供養」や、神社参道の両側に1万本の筆が吊り下げられる「筆通り」がつくられるなど、筆にまつわるさまざまな催しが行われます。

データで見る「筆の出荷額」

筆の出荷額 ベスト5

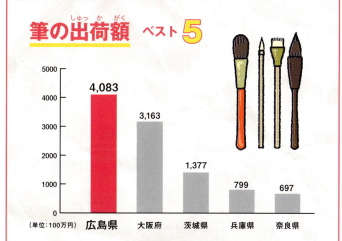

（単位：100万円）
- 広島県 4,083
- 大阪府 3,163
- 茨城県 1,377
- 兵庫県 799
- 奈良県 697

熊野町のある広島県は、筆（毛筆、その他の絵画用品）の出荷額が日本一（従業者4人以上の事業所）。熊野町は特に「化粧筆」では全国シェアの9割を占めるとされ、他にも一般的に使用される書道用筆、絵画に使用される画筆、記念品として作られる誕生筆などを製造しています。

出典：総務省統計局・経済産業省「経済センサス-活動調査結果（平成24年）」

熊野町ってこんなところ

筆作りの伝統が見える

江戸時代末期に筆作りの技が根付き、現在でも筆の国内生産量の約80％を占めるといわれる「筆の都」熊野町。地域の特色を生かした筆の里の中心的な役割を担う「筆の里工房」には、歴代の伝統工芸士が作った筆の展示や熊野筆紹介ケースや、熊野筆セレクトショップ、ミュージアムショップ、レストランなどがあります。

熊野筆のセレクトショップでは、書道用、絵画用、化粧用の筆が1,500種類ほど販売されています。

「白鳳堂の化粧筆」のココが スゴイ！

白鳳堂では、さまざまな技術を駆使して「道具としての筆」を追求し、化粧に最適な筆を製造しています。

スゴイ！1 毛先を切らずに同じ形に仕上げる

化粧の粉や液体をコントロールするためには毛先を残して筆を作る必要があります。筆の形の形成方法は、毛を削って作るのではなく、「コマ」と呼ばれる木の型が使われます。いろいろな種類の筆を作るためにいくつものコマを使い、毛先を切ることなく同じ形の筆を作っているのです。

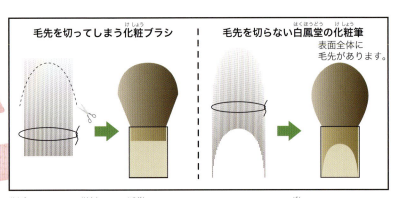

化粧筆では、毛の先端にある一段と細い部分が、筆のはたらきを最大限に生かす役目を果たしています。

スゴイ！2 筆のバランスで機能性を高める

化粧を施す顔には凹凸があります。また、肌の質も額やほほ、あごと、部分により異なります。そのような条件で化粧の粉を均一に薄く伸ばしたり、グラデーションを施すために、白鳳堂の化粧筆作りは植える毛筆の「バランス」が重視されています。

化粧筆には、コシの強弱や筆先のまとまり、化粧の粉を毛に含んだり、毛から化粧の粉を肌にうつしたりと、化粧に必要な機能性が込められています。

白鳳堂の化粧筆は、人間の顔の凹凸に合うように作られています。

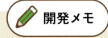 開発メモ

化粧筆の品質を追求して最高級の原毛の半分近くを廃棄

白鳳堂では、最高品質の化粧筆を製造するために、最高級の原毛を仕入れています。しかし、その原毛を選別しながら化粧筆を仕上げるため、製品になるまでに30〜50％の原毛が捨てられます。しかし、原材料を使いきれないことは本来好ましくなく、今後いかに廃棄量を減らすかが課題になっています。

食品・モノ編

白鳳堂の化粧筆／株式会社白鳳堂

スゴイ！3 化粧の種類に合わせて多くの品種を揃える

化粧をするには、骨格や肌の質の違いやどのような化粧品を使うか（粉と液体、製造会社の違いなど）、どのような化粧をするか（自然なメイク、フルメイク、特殊メイクなど）により筆を使い分ける必要があります。そのため、筆の毛質や毛丈、大きさや毛の量、密度などの違う筆がおよそ800種類作られています。

フィニッシング、パウダー、アイシャドウ、チークなど用途別の筆が製造されています。

スゴイ！4 高品質を維持して大量に生産

世界中で販売するためには、品質だけでなく、生産本数を安定させ、ほしい人にいつでも手に取ってもらう必要があります。そのためには、同じ品番の製品はいつ買っても同じ品質であり、いつでも買えることが大切です。高品質な筆を大量生産することがお客さんのためになるのです。

2003（平成15）年に東京・青山に直営店をオープンしました。現在では日本全国のデパートや、海外ではロサンゼルス、シンガポールにも店舗があります。

開発の歴史

「良い筆は高い」と理解されない時代もあった

毎年売り上げを伸ばしている白鳳堂ですが、創業当初は「良い筆は値段が高い」ということがわかってもらえずに苦労したそうです。また、海外出店が失敗したこともありましたが、失敗から学ぶことで現在の地位を確立したのです。

数々の失敗も、高品質の製品を作り続けることで乗り越えて、現在、世界が知る化粧筆の一級品の会社となりました。

白鳳堂の化粧筆のできるまで

輸入した良質な原毛をさらに選んで使用

白鳳堂では厳選した良質な、ヤギやリス、猫、イタチ、馬などの原毛をヨーロッパや中国などから輸入しています。そして、その中から品質の良いものだけをさらに選んで使用しています。それぞれの工程は分業化され、良質な化粧筆を安定して製造できます。

1 筆に向かない毛を取り除く

先のない毛、逆毛など筆にむかないものを、切れ味を落とした剃刀で引っ掛けて取り除きます。

2 毛先を切らずに形を整える

用途に合わせて毛を混ぜた後、コマと呼ばれる型に毛を入れ、筆先の形を整え、元をくくります。

3 金口に穂を差し込み軸を取り付ける

鉄製の金口に穂（毛）を差し込む「毛植え」を行った後、穂のついた金口に軸を取り付けます。

開発者インタビュー

「道具としての筆」を追求しながら化粧筆のブランド力をさらに高めていきたい

取締役社長　髙本和男さん

1974(昭和49)年に家業の洋画筆製造から独立して白鳳堂を創業。
2007(平成19)年の秋の褒章で黄綬褒章を受章。

Q1 なぜ化粧筆の開発を始めたのですか?

日本の伝統文化を支えてきた筆を、もう一度、昔ながらの「道具としての筆」に戻したいという思いを持って白鳳堂を設立しました。そして、当初は化粧パレットに入っている付属品のような「化粧ブラシ」も手がけていたのですが、化粧ブラシでは「道具」として機能しないと考えて、平面に書く毛筆、絵筆と立体に書く伝統工芸用の筆の良いところを合わせ、さらに独自に研究をすることで、毛先を切らずに作る「化粧筆」を開発しました。

日本の伝統工芸に育てられた筆作りの技術が、白鳳堂が作るさまざまな筆に活かされています。

Q2 どうして自社ブランドを立ち上げたのですか?

自社ブランドを確立することが、品質の良い筆をお客様に直接お届けする近道ではないかと考えたからです。そして、アメリカのビバリーヒルズに出店したり、アメリカで活躍するメイクアップアーティストに筆を見てもらったりと、さまざまな試みを行いました。現在では、有名ブランドの製品を作りつつ、自社ブランドも並行して作る二本柱で進めています。

Q3 さまざまな試みに対する反応はどうでしたか?

海外有名ブランド、アーティストブランドの化粧筆を作ることで、有名ブランドの高級化粧筆は実は日本で作られていることが口コミで広がり、マスコミや情報に敏感な一部の女性に知られるようになりました。また、インターネットコミュニティーサイトとの製品開発などによって、筆の使い心地の良さが認められたことで、一般のお客様にもブランド品として認められました。

筆作りでは、職人の経験や感性といった個々の能力に頼らざるを得ない作業も重要です。

Q4 今後の課題と目標を教えてください。

化粧筆については、品質、機能性、多品種などの条件は当然世界一を追求し続けています。今後も、今以上のブランド力を築き上げたいですね。そして、伝統工芸用の筆については、筆は日本の文化を担っているという使命感、責任感を持って「道具」としての文化を作っていきたいと考えています。

白鳳堂ブランドの筆は、髙本社長自らが1本1本、検品を行っています。

世界に飛び立つ「白鳳堂の化粧筆」

直営店とインターネットで300万本の筆を世界中で販売

海外への直接輸出は1995（平成7）年頃からカナダ向けに開始されました。そして、現在は、自社ブランドはアメリカとシンガポールにある直営店とインターネットを通じて世界中に販売するとともに、化粧品会社向けには15カ国程度に輸出。年間300万本以上を輸出し、海外での売上が全体の約70％を占めています。

食品・モノ編

白鳳堂の化粧筆／株式会社白鳳堂

「白鳳堂の化粧筆」の主な輸出先：イギリス、カナダ、フランス、アメリカ

日本と海外 こんなところがちがう！

ブランドのコンセプトやその国の特徴に配慮

化粧品会社向けについては、その会社のブランドの特徴を考慮して製作します。ブランドにはそれぞれ考え方の違いがあり、それを魅力的と感じるお客さんが購入するため、その特徴をしっかりとつかむことが大切にされています。また、骨格や顔のかたち、肌質の違いなど、その国や民族の化粧の特徴などにも配慮しながら化粧筆を製作しているそうです。

びっくり！ THE WORLD

パリコレやハリウッドでも愛用されている

化粧機能に優れた「化粧道具」を追求して作られた白鳳堂の化粧筆。現在ではその品質の高さと使い勝手の良さが世界中で高く評価され、フランスのパリコレやアメリカのハリウッドで活躍するメイクアップアーティストにも愛用されています。

映画製作の中心であるアメリカのハリウッドでも、メイクアップアーティストが使っています。

医療用にも料理用にも使われて世界へ

東京都葛飾区　幸和ピンセット工業株式会社

指が伸びたかのように使い心地抜群のピンセット

超精密ピンセット

幸和ピンセット工業は、メイド・イン・ジャパンの品質で、世界からも注目されている町工場。特許技術を活かしてていねいに作り上げられたピンセットの手触りは、「指が伸びたのかと思った」と言われるほどです。

工業用K-5
工業用K-30
外科用K-17V 18B

どんな製品？

質と価格にこだわりあり　世界に誇るKFIブランド

「KFI（KOWA FORCEPS INDUSTRY）」のブランド名で、高い品質と適正な価格のピンセットを製造し、国内シェア70％以上を維持している幸和ピンセット工業。以前は医療用が主でしたが、精度が要求される医療用ピンセットで培った技術を活かして工業素材の研究・開発や、美容、料理用のピンセットも手がけています。

会社データ

創業	1952（昭和27）年
資本金	1,000万円
従業員	10名
事業内容	ピンセットの製造・販売
所在地	東京都葛飾区堀切1-33-1

「東京都葛飾区」で誕生したワケ

なぜ？ いつから？

食品・モノ編

超精密ピンセット／幸和ピンセット工業株式会社

江戸川の水運を活かして製品を運搬できた

幸和ピンセット工業の創業は1952（昭和27）年。現在の社長・鈴木正弘さんの祖父が親戚から原料の真鍮を譲り受け、葛飾区堀切でピンセットの製造を始めました。葛飾区は、古くから町工場が多い地域です。製品を河口にある大工場に運ぶのに江戸川などの水運が使えたこと、葛飾区は中国・太平洋戦争での空襲被害を周辺に比べてあまり受けなかったため、他の地域にあった町工場が集まってきたことなどが理由です。

葛飾町工場物語
葛飾区と東京商工会議所葛飾支部は町工場の高い技術を駆使して作られた製品等を「葛飾町工場物語」として認定しています。そしてその製品にまつわる物語や技術の詳細を発信しています。

町工場
葛飾区は、23区内で4番目の工場集積地で、多種多様な業種が操業しています。それらの工場ひとつひとつが、ものづくりに誇りと熱意を持って取り組み、日々さまざまな努力や工夫を重ね、「すごい」製品を作っています。写真は、江戸川につながる中川上空から葛飾区を撮影したものです。

データで見る「東京都の工業事業所数」

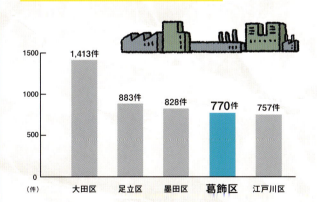

東京都の工業事業所数 ベスト5

- 大田区 1,413件
- 足立区 883件
- 墨田区 828件
- 葛飾区 770件
- 江戸川区 757件

葛飾区は、東京都の中で4番目に事業所の数が多い地域です。東京都には事業所が約1万2,000件ありますが、葛飾区の事業所数は770件で、全体の6.3％を占めます。東京都全域では出版・印刷関係の工場が第1位ですが、葛飾区では、金属製品が第1位、生産用機械が第2位です。

出典：東京都総務局統計部「平成26年工業統計調査」

葛飾区ってこんなところ

下町の風情が残る街並み

東は江戸川を境に千葉県松戸市に、西は足立区、墨田区、南は江戸川区、北は大場川を境として埼玉県八潮市、三郷市にそれぞれ接している葛飾区。工業地域である一方、下町の風景も数多く残り、映画『男はつらいよ』で知られる柴又や漫画『こち亀』の両さん像、古くから菖蒲の名所として知られる堀切菖蒲園など、全国的に有名な観光地もあります。

柴又駅から帝釈天に続く参道には、食事処、土産物屋など、昔ながらの店が並んでいます。

「超精密ピンセット」のココがスゴイ！

加工の難しいステンレス材を高い技術で成型したピンセットを60年以上にわたって作り続けています。

スゴイ！1 主な材料は加工の難しいSUS304

幸和ピンセット工業が主な材料にしているのはステンレス材「SUS304」。SUS304は、硬くて加工しづらいという難点がありますが、とても錆びにくく、高い温度でも変形しない耐熱性や、くり返し使用しても折れにくい耐疲労性に優れ、磁気を帯びないという特性があります。このため特に高い精度を要求される工業用ピンセットにはぴったりの素材なのです。

プレスをして、SUS304を成型。ピンセットの筋などをハンコで押したように形作っていきます。

スゴイ！2 依頼に最適な材料、成型方法を選択する

ステンレスやピアノ線（鉄）、プラチナ、タングステンなど、バネの使用用途に合わせて最適な材料を選び、成型方法も変更しています。この材料と成型方法の組み合わせによって、バネ性や強度など、バネの特性が大きくと変わります。

抜型を作る銅製の電極。電気を流し材料に押しつけ、穴の開いた部分以外を溶かして形を作ります。

金型（部品を作るための金属製の型）を作るための成型機。幸和ピンセット工業では、金型も自社で生産しています。

📝 開発メモ

静電気に強い製品の研究を続ける

小型の半導体など、静電気によって壊れる心配がある精密部品の組み立てで重要になる「静電気対策」。そのような用途で使われるピンセットには静電気がおきにくい耐静電気性がつけられていますが、ピンセットだけで静電気を100%カットするのとは難しいことです。そのため現在も朝から夜遅くまで、耐静電気性の高いピンセットの研究が続けられています。

スゴイ！3 さまざまなジャンルのピンセットを製造

医療用から美容、料理用に至るまで数千種以上のピンセットを製造できるのは、金型といわれる製品の原型を自分の会社で作り、保管していること。また、材質の特性など、これまでの加工によって蓄積された経験による知識を持っていることも大きな財産です。

金型を作る工場には、これまでに製作されたさまざまな金型がずらりと並んでいます。

スゴイ！4 意図をくみ取って誠実に仕事をする

いろいろな業界から寄せられる製造依頼の中には、「○○をつまめるもの」「△△という環境で使えるもの」など、使い手からのおおまかな指示であることも少なくありません。このような時こそ、「使う人の立場で考える」姿勢を大切にしながら、これまでに培った技術や実際に使用される場面を想定しての製造を行います。

修正が難しいもの、特に高い精度が求められる特殊な製品は、経験豊富な社長自ら調整・加工を行います。

検品作業では、熟練した職人が、1本ずつ検品して、わずかなズレも出ないように修正します。

開発の歴史

精度を数値で証明するために数千万円の電子顕微鏡を購入

職人が作るピンセットの精度は非常に高いものですが、時代が変わり、発注者からピンセットの精度を数値で証明することを求められるようになりました。そこで1台数千万円の電子顕微鏡を購入して測定することで数値を示し、発注者の信頼を勝ち得ることに成功しました。

現在は2台の電子顕微鏡を使用。ピンセットの精度を正確に計測できます。

超精密ピンセットのできるまで

材料の特性を理解し最適な工程を踏む

工業用のピンセットでは51〜62工程でピンセットが完成しますが、特殊な製品では100工程以上を要するものもあります。

1 材料を検品して矯正バネ付けを行う

材料を検品して矯正機でまっ平らな状態に矯正し、その後、特許技術を用いてバネ付けします。

2 金型を使って大まかに型抜き

金型でそれぞれのピンセットの大まかな形状に型抜きをします。この時、歪みなども取り除きます。

3 大まかに成型し折り曲げ・溶接

金型で大まかな形状に打型します。その後、折り曲げたり溶接して、ピンセットの形を作ります。

4 やすりで仕上げてさらに磨き上げる

職人が1本1本、砥石やすりで仕上げ、さらに磨き上げて、使いやすいピンセットが誕生します。

食品・モノ編 / 超精密ピンセット／幸和ピンセット工業株式会社

開発者インタビュー

職人の良心に恥じない、高い品質を、こだわりながら追求していきたい

代表取締役社長 鈴木正弘さん

1987（昭和62）年に入社。2年ほど工場内の軽作業を行った後、プレス、鍛造、グラインダーなどの業務、専務を経て、2001（平成13）年に現職の代表取締役社長に就任。

Q1 新たなピンセットの開発にはどれくらい時間がかかりますか？

種類にもよりますが、時間がかかったものでも1カ月程度ですね。依頼の初期段階では具体的な使い方についてあまり伝えてもらえないこともあるのですが、実際に依頼を受ければ翌日に試作品を送ったりすることもあります。その後、その試作品の使い勝手の悪いところなどを指摘してもらい、話し合いながら詳細を詰めていって、満足していただける完成品に仕上げます。

社員と積極的にコミュニケーションを取り、社を挙げて誠実なもの作りを追求しています。

Q2 製品が完成した時、お客さんからどんな反応がありましたか？

以前、台湾の方から「寝たきりになった祖母の逆まつげを抜けるピンセットを作れないか」と依頼を受けたこともあります。目に近いところで使うので、使用する時に医師の指導を受けることを条件にして製品をお送りしたことがあります。その時は非常に喜ばれて、段ボールいっぱいのお菓子と感謝の言葉をいただいたことが印象に残っていますね。

Q3 海外の市場ではどのような製品が求められていますか？

かつて、海外では安価なピンセットが求められていましたが、私の代になってから大量生産型のものづくりではなく、より高い品質のものづくりを追求しています。海外では、そのような高性能な製品が人気で、世界各国の方からさまざまな依頼を受けています。

Q4 仕事をする上で大切にしていることは？

亡くなった父親から言われた「職人の良心に恥じないものを作れ」という言葉を大切にしています。ピンセットの製造工程は50〜70工程、特殊なものになると100工程以上ありますが、その中には我々のこだわりで入れている工程もあり、常にベストなものを作りたいという思いを持って、誠実に仕事に取り組んでいます。

製造過程で出た不良品も無駄にせず、社長自らが手をかけて、製品に命を吹き込みます。

Q5 今後も製品をどんどん世界に飛び立たせていきたいですか？

現在、新たなウェブサイトを製作していて、インターネットを通じて、全世界にKFIブランドのピンセットを発信していきたいと考えています。

月間の生産数は6〜7万本。そのすべてに職人の手仕事が加えられています。

世界に飛び立つ「超精密ピンセット」

食品・モノ編

超精密ピンセット／幸和ピンセット工業株式会社

KFIのピンセットは世界だけでなく宇宙へも

現在は、中国や韓国、アメリカなど、世界中に質の高いピンセットを輸出している幸和ピンセット工業。日本人宇宙飛行士がスペースシャトルに乗って宇宙に飛び立った時に持っていったものの中にKFIのピンセットがありました。具体的な内容は企業秘密ですが、宇宙空間で、精密さが求められる実験に使用されています。

「超精密ピンセット」の主な輸出先

- **イギリス**
- **ドイツ**
- **ロシア**：まつげのエクステに使いやすいピンセットが求められました
- **フランス**
- **台湾**：「祖母の逆まつ毛を抜くためのピンセットがほしい」という要望をいただきました
- **タイ**：「日本に留学にしたときに使ったピンセットがほしい」というコメントをいただきました
- **アメリカ**：「メイド・イン・ジャパン」の刻印が入っているため、安心感があるようです

日本と海外 こんなところがちがう！

体格や持ち方の違いに配慮した製品を開発

時計の生産国として有名なスイスには高品質な精密ピンセットがありますが、KFIのピンセットは、そのスイス製ピンセットの品質よりも優れた精度を誇ります。世界各国から寄せられるさまざまな依頼に応えるとともに、体格の大きな外国人に合わせた長さや、上からピンセットを挟むように持つという使い方の違いに配慮したピンセットの開発も進められています。

びっくり！ THE WORLD

ピンセットを使って料理を美しく盛り付け

有名なフランス料理のシェフの依頼で料理の盛り付け用のピンセットを製作。繊細な盛り付けにはKFIのピンセットがぴったりなのだとか。現在では、その技術が逆輸入され、盛り付けにピンセットを使う日本料理人も増えているといいます。

料理人たちで賑わう東京・合羽橋の道具街でもKFIの盛り付け用ピンセットが売られています。

国内シェア70％以上 そして世界へ

長野県諏訪市　株式会社ミクロ発條

髪の毛1本よりも細い、0.07ミリのバネを製造

ボールペンの微細バネ

ボールペンのペン先でインクの量を調整する「微細バネ」で、国内シェア70％のミクロ発條。ペン先用以外でも自動車用や医療用など、学生から医師まで、あらゆる業界のバネを製造できるのは、確かな技術力によるものです。

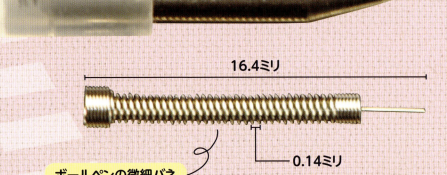

16.4ミリ
0.14ミリ
ボールペンの微細バネ

どんな製品？

ボールペン先用の微細バネでインクの量をコントロール

ミクロ発條では、ボールペンの中性ゲルインクの量をコントロールする微細バネなどの製品を自社開発のNCマシン（加工に関する全情報を数値信号で与えるようにした工作機械）で製造。材料選びや加工・成形技術はもちろん、数千万個のバネを同じ品質に保つ技術力も高く評価されています。

会社データ

創業	1954（昭和29）年
資本金	5,000万円
従業員	従業員95名
事業内容	精密小物バネの製造
所在地	長野県諏訪市小和田南22番6号

「長野県諏訪市」で誕生したワケ

なぜ？ いつから？

食品・モノ編

ボールペンの微細バネ／株式会社ミクロ発條

地元の精密機械工業にバネを供給していた

　明治から大正にかけて、養蚕や諏訪湖の豊かな水に支えられた製糸業が盛んだった諏訪市。中国・太平洋戦争後はセイコーを始めとする精密機械工業で栄えましたが、当時、精密機械工業で必要とされるバネは、東京から運ばれていて、その間に生じる不具合の修正や微調整に時間がかかるという問題がありました。そこでミクロ発條は、1954（昭和29）年に地元の工場にバネを供給することを目的として創業。現在は諏訪市のみならず、世界中に微細バネを出荷しています。

諏訪湖
諏訪盆地に位置する長野県内最大の湖。周囲には諏訪大社や上諏訪温泉下諏訪温泉などがあり、冬に湖面が全面氷結した時に湖面上に氷の亀裂が走り、亀裂部分がせりあがる「御神渡り」も有名です。

カメラ
中国・太平洋戦争中に京浜工業地帯から諏訪市に疎開した工場が、戦後に衰退した製糸工場の労働者を雇用して工業製品を作り始めたことから、精密機械工業が発達したといわれています。

データで見る「産業別雇用者」

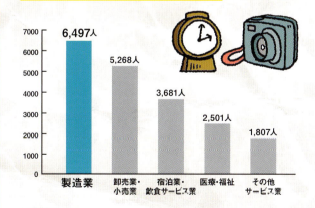

諏訪市の産業別雇用者 ベスト5

- 製造業：6,497人
- 卸売業・小売業：5,268人
- 宿泊業・飲食サービス業：3,681人
- 医療・福祉：2,501人
- その他サービス業：1,807人

　現在はセイコーエプソンを中心としたハイテク産業が盛んで、製造業で働く人口が最も多数を占めている諏訪市。その次に、卸売業・小売業が続きます。その他に、諏訪湖や諏訪神社、温泉などの豊かな観光資源を活かした宿泊業やサービス業で働く人が多いのが特徴です。

総務省統計局「平成24年経済センサス・活動調査」

諏訪市ってこんなところ

「東洋のスイス」と呼ばれる

　美しい山と湖があり、精密機械工業が盛んなことから「東洋のスイス」とも言われる諏訪市。毎年8月15日に開催される諏訪湖祭湖上花火大会は全国でも有数の規模を誇る花火大会で、4万発もの花火が湖上の夜空を彩ります。また、7年に一度行われる諏訪大社の御柱祭は、大木を急斜面に落とす「木落とし」の勇壮さで知られています。

諏訪大社の御柱祭は、その起源が平安時代とも、縄文時代ともいわれる祭りです。五穀豊穣を祈ります。

ボールペンの微細バネのココが スゴイ！

依頼を受けて微細バネを製造するミクロ発條では、どんな依頼にも応じられる体制が整えられています。

スゴイ！1 髪の毛よりも細いバネを作る

ミクロ発條では、外径（太さ）0.07ミリという、髪の毛の太さ（平均は約0.08ミリ）よりも細いバネを作ることができます。このバネは、半導体や基板に電気が流れるか試す導通検査、電子部品などに使用されていて、現在は、さらに細い外径0.065ミリのバネの量産化に挑戦しています。製品の小型化や高機能力を見えないところで支えているのがバネです。

スゴイ！2 依頼に最適な材料、成形方法を選択する

ステンレスやピアノ線（鉄）、プラチナ、タングステンなど、バネの使用目的に合わせて最適な材料を選択し、成形方法も変更しています。この材料と成形方法の組み合わせによって、バネ性や強度など、バネの特性が大きく変わります。

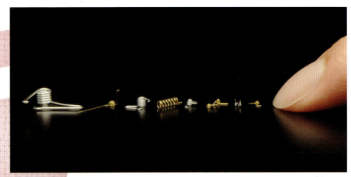

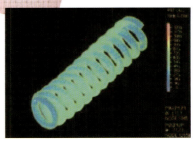

さまざまな種類の微細バネ。それぞれ異なる用途に使われるため、素材や形が大きく異なっています。

コンピュータを使ってバネをシミュレーションすることで、壊れやすい部分を実際に製作する前に知ることができます。

バネを成形・加工する工程は、すべて機械化されています。

 開発メモ

プラスアルファの価値を生み出す研究を続ける

スマートフォンのタッチパネルなど、バネを使用しない操作システムの普及が進み、一般的な微細バネ市場は小さくなる傾向にあります。ミクロ発條ではバネに防水や耐高電圧などの技術を加える研究や、血管を守る医療用のカテーテルの開発を進め、新たなバネを生み出そうとしています。

スゴイ！3 技術と知識で課題を解決

ミクロ発條は、加工の仕方を数値によってコントロールする「NCマシン」を自社で開発しています。また、バネを生産する技術や、利用目的に合わせた形や材質についての知識を持ち、さまざまなバネを素早く製造することができます。お客さんからの要求を満たすバネを作るための研究開発費は惜しみません。

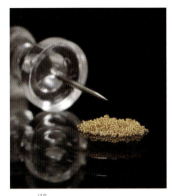
ピンの針先よりも小さなバネ（写真右下）。高い技術を蓄積することで、お客様の課題を解決しています。

開発の歴史

生産しながら設備を改良・増設

ボールペンのペン先用の微細バネの開発・製造では、当初、生産数が非常に多かったため単純に生産設備を増やすだけでは足りませんでした。生産をしながら、品質を安定させるための設備の改良・増設も行っていました。

社内だけでなく、バネを利用する会社の技術者と一緒になって技術や解決策を研究することもあります。

食品・モノ編

ボールペンの微細バネ／株式会社ミクロ発條

スゴイ！4 世界中から情報を集めている

マレーシア、大連、上海にある工場を通して、世界の情報を集めるだけでなく、海外の展示会で自社の高い技術をアピールしています。一方で、「本当に日本の技術がトップなのか？」と考え、世界各地でのバネへの要望や他業種でのワイヤー加工技術を研究しています。バネは用途が多い分、常に新しい技術を追い求めなければなりません。

上海の工場の様子。1990年にマレーシア、1996年に上海、2000年に大連に工場を設立しています。

ボールペンの微細バネのできるまで

自動的に成形・加工

バネの成形・加工を行うNCマシンという機械に数値を入力すると、自動的に成形が行われます。その後、焼き入れ、検品を行った後に梱包され、出荷されます。

 1 適切な材料を選択する

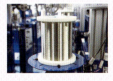
材料はステンレスやピアノ線、プラチナ、タングステンなど、さまざまな素材を使用します。

 2 NCマシンで成形する

小さなバネが精密かつスピーディに成形されていきます。1時間あたりの成形個数は企業秘密です。

 3 成形したバネに熱処理を行う

素材ごとに適した温度、時間で熱処理を行い、金属の持つバネ性を引き出します。

 4 検品を行い、梱包して出荷する

規定内のものができているかを確認した後、梱包して、海外に向けても出荷されます。

開発者インタビュー

どのような仕事でも世界を意識しています
海外で認められる製品を作りたいです

代表取締役社長　小島拓也さん

1995（平成7）年入社。企画室勤務を経て、副社長に就任し、2011（平成23）年から現職。

Q1 なぜボールペン先用の微細バネの開発を始めたのですか？

中小企業の展示会に出展した時に、文具メーカーの開発の方が来て、「こういうものは作れませんか？」と言われたのが最初ですね。そこで話を聞いてみると、これは非常に大きなマーケットになるだろうと感じたので、会社一丸となって取り組むことになりました。

ガラス張りの社長室で仕事をする小島社長。デスクまわりはきれいに整頓されています。

Q2 開発にはどれくらい時間がかかりましたか？

開発前から核となる技術があったので、他社が行うよりも早くできたとは思いますが、それでも1年くらいはかかりましたね。当時、私は営業責任者だったので、お客さんといろいろ相談しながら開発をして、常にそのバネのことで頭がいっぱいだったことをよく覚えています。

バネから伸びた1本の棒のように見える部分が、製作に苦労したという「アンテナ」です。

Q3 開発で苦労したことはありますか？

ボールペンのペン先用のバネは、バネから伸びた「アンテナ」がしっかりとしていないとインクの量がきちんと調節できません。従来の機械では必要とされる基準を満たすアンテナが成形できなかったので、機械も改良しましたし、かなり苦労しましたね。

Q4 製品が完成した時、お客さんからはどんな反応がありましたか？

依頼を受けて、最終的に文具メーカーさん基準を満たすものを作り上げることができたということで、お客さんからは非常に喜ばれました。当時は、会社としても苦しい時期で、このバネに懸けていたところがあったので、社員みんなにとっても非常にうれしかったですし、私個人としてもとても大きな経験をさせてもらったと感じています。

ミクロ発條では、圧縮コイルバネ、引っ張りコイルバネなど、さまざまな種類のバネを作っています。

Q5 今後も製品をどんどん世界に飛び立たせていきたいですか？

どのような仕事でも常に世界を意識していますし、海外で認められたいという想いを持っています。海外工場もありますが、今後もあくまでメイド・イン・ジャパンにこだわった、質の高いものづくりを続けていきたいと考えています。

世界に飛び立つ「ボールペンの微細バネ」

日本で製造した微細バネを世界中に届けている

日本の工場で製造された質の高い微細バネは、アジアやアメリカ、ヨーロッパなど世界各国に輸出されています。中でもボールペンのペン先用のバネでは世界でもっとも多く使われています。そのボールペンは、さらに輸出されていきます。ミクロ発條のバネは世界各国で活躍し、海外の取引先からも信頼されています。

食品・モノ編

ボールペンの微細バネ／株式会社ミクロ発條

「ボールペンの微細バネ」の主な輸出先

ヨーロッパ／中国／韓国／台湾／シンガポール／インド／タイ／アメリカ

日本と海外 こんなところがちがう！

海外工場ではその国の市場向けのバネを製造

ミクロ発條の海外工場では、その国の市場向けの製品のみを作る「メイド・イン・マーケット」で製造し、自動車関係のバネが多く作られています。そして、日本の工場では、日本でしか作れないもの、特に技術が要求されるものを製造しています。海外に製品を輸出するときには輸送費がかかるので、その費用をあまりかけない範囲内の製品を作るのです。

びっくり！ THE WORLD

超微細バネの技術を使って医療用のコイルを開発

ミクロ発條では、脳の中の血管を通すことのできる、とても細い医療用のコイルを開発しています。世界中から医療関係者が集まるドイツの医療機器展示会でも発表され、脳血管系の病気の治療に役立つことが期待されています。

コイルの幅は太い部分で0.365ミリ、細い部分では0.16ミリで、髪の毛2〜5本ほどの太さです。

眼鏡製造の技術を医療器具に発展

福井県鯖江市　株式会社シャルマン

驚きの精度と切れ味を実現した脳外科手術用はさみ

高精度医療器具

総合眼鏡フレームメーカーのシャルマンが、眼鏡製造のチタン加工技術を活かして製造するのが脳外科や眼科の手術などで使われる医療用器具。350種類以上の商品を作るまでに急拡大した理由は、高い精度と信頼性にあります。

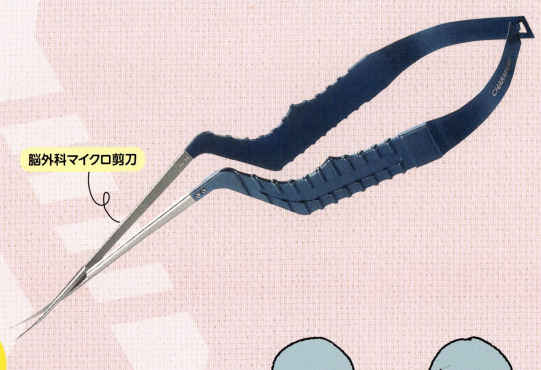

脳外科マイクロ剪刀

どんな製品？

**切れ味が3年間持続
機能的なデザインも魅力**

脳外科で使用されるシャルマンのマイクロ剪刀は、純チタン、バネ性チタン、ステンレスなど、それぞれの箇所に最適な素材を使用。刃先には錆びず、磁性も帯びない高硬度特殊合金を使用し、鋭い切れ味が3年間持続します。また、2014(平成26)年のグッドデザイン賞で金賞を獲得したデザインの高さも魅力のひとつです。

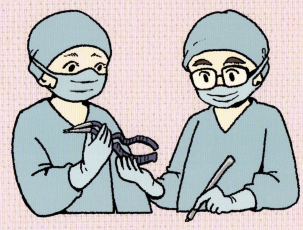

会社データ

| 創業 | 1956(昭和31)年 | 資本金 | 6億1,700万円 | 従業員 | 1,948名 |

事業内容　眼鏡フレーム、サングラスの商品企画・デザイン・製造・販売、医療器具の開発・製造・販売
所在地　福井県鯖江市川去町6-1

なぜ？ いつから？
「福井県鯖江市」で誕生したワケ

食品・モノ編

高精度医療器具／株式会社シャルマン

眼鏡フレーム製造技術を医療器具の製造に活用

　福井県で眼鏡フレーム製造が始まったのは1905（明治38）年。増永五左衛門が冬の農閑期の副業として、眼鏡フレーム作りに着目し、大阪や東京から職人を招いて、弟子に眼鏡の製造技術を伝えさせました。その後、分業独立が進み、一大眼鏡生産地となっています。シャルマンは、福井県鯖江市で1956年（昭和31）年に眼鏡フレームの部品メーカーとして創業し、その後、総合眼鏡フレームメーカーになり、2012（平成24）年からは医療器具の販売も開始しています。

眼鏡ミュージアム
鯖江市にある「めがねミュージアム」は、博物館、ショップ、体験工房などが一体となった、眼鏡の総合施設。博物館には100年前の生産現場風景や眼鏡の形の移り変わりが展示されています。

チタン製眼鏡フレーム
眼鏡にはさまざまな素材や形のものがありますが、鯖江市をはじめとする福井県のメーカーが世界に誇る技術のひとつが、シャルマンの医療器具製造にも活かされているチタン製眼鏡フレームの製造技術です。

データで見る「眼鏡用品製造卸登録数」

眼鏡用品製造卸 ベスト5

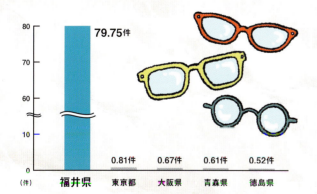

- 福井県　79.75件
- 東京都　0.81件
- 大阪府　0.67件
- 青森県　0.61件
- 徳島県　0.52件
（件）

　鯖江市のある福井県は、眼鏡用品製造卸の都道府県別の登録件数が日本一。人口10万人当たりの登録件数は79.75件で、2位で0.81件の東京都、3位で0.67件の大阪府を100倍近く引き離しています。生産額も福井県だけで日本国内の9割以上を占めるといわれています。

出典：「NTTタウンページデータベース（2015年）」

鯖江市ってこんなところ

鯖江は漆器の一大産地

　眼鏡の聖地、鯖江では、鯖江駅前はもちろん、橋の欄干やマンホール、サイクリングロードなど、街のいたるところに眼鏡のモチーフがあります。
　眼鏡以外の鯖江の地場産業としては、漆器があり、河和田地区は約1500年の歴史ある越前漆器の産地です。業務用漆器の生産地として国内生産の約8割を占めています。

越前漆器は、約1500年前、継体天皇から冠の修理を命じられたことから始まったとされます。

高精度医療器具のココが スゴイ！

眼鏡製造で蓄積したチタン加工の技術を活用して精度が求められる医療現場の要望に応えています。

スゴイ！1 軽くて丈夫だが加工が難しいチタン

チタンは、軽くて丈夫、しかも金属アレルギーを起こしにくく人体に優しいという優れた特徴を持っています。その反面、強度が高いなどの理由で切削や成型が難しいというデメリットもありますが、シャルマンでは眼鏡製造で得たチタン加工の技術と知識を活かして精度の高い医療器具を製造しています。

チタンの比重は4.51（鉄やステンレスは約7.8）と軽いのが特徴。密度あたりの引っ張りへの強さを示す「比強度」の高さは非鉄金属の中でもトップクラスです。

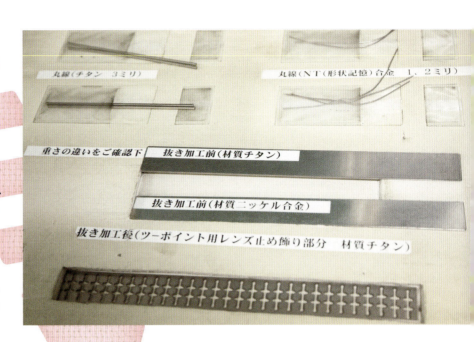

開発メモ

販売ルートの開拓は苦難の連続だった

眼鏡メーカーとしてはトップクラスのシャルマンですが、医療器具の販売は初めてのこと。当初は、販売ルートの開拓に苦労したそうです。そのような状況の中でも、医療品の展示会などで医療関係者に機能をていねいに説明するなど営業活動を行って、商品の良さを伝えていきました。そして、今では日本だけでなく、世界規模で医療器具を販売しています。

スゴイ！2 レーザーを使って精密に接合

複数の種類の金属を適材適所で組み合わせるために必要なのが接合技術です。シャルマンが大学などと共同で開発した「レーザ微細接合」は非常に小さな点で接合することができるため、小さな部品でも、異なる種類の金属でも高精度で接合することができるのです。

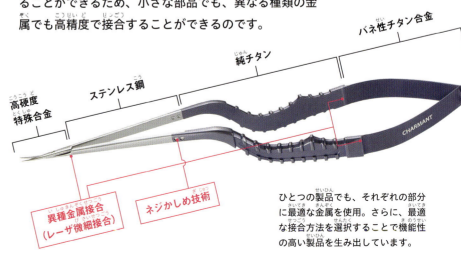

ひとつの製品でも、それぞれの部分に最適な金属を使用。さらに、最適な接合方法を選択することで機能性の高い製品を生み出しています。

食品・モノ編

高精度医療器具／株式会社シャルマン

スゴイ！3 特定の光の波長を強調して色を見せる

シャルマンの医療器具で用いられている「淡い色」は塗料を使って色づけしたものではありません。表面の透明な酸化被膜の厚みを変化させることで、特定の光の波長を強調し、「ある色に見せている」のです。塗装ではないため、医療器具の大敵である塗料のはがれがないというメリットがあります。

眼鏡製造ではプレスの金型とチタンがくっつきにくくするため、「陽極酸化」という処理を行いますが、医療器具を作る時には、この陽極酸化は発色の技法として用いられています。

開発の歴史

自社開発した加工機械も併用する

シャルマンでは、自社で開発したり、改良した工作機械を用いてチタンの加工を行っています。これはチタンの特性を知り尽くしているからこそできることで、特殊な機械を使うことで高精度の加工が可能になるのです。

加工条件を工夫することで、本来はチタンの精密加工ができないとされる機械で加工を行うこともできます。

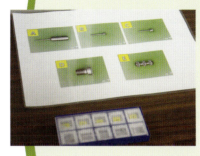

スゴイ！4 医療の現場での使いやすさを追求

器具を持って構えた時に、刃が処置を行う部位に最適な角度になるように調整する、女性医師でも持ちやすい大きさにするなど、医療の現場での使いやすさを追求して製品化しています。医師の負担を軽くすることが患者さんの負担を減らすこととという考えで、日々より使いやすい製品の開発が続けられています。

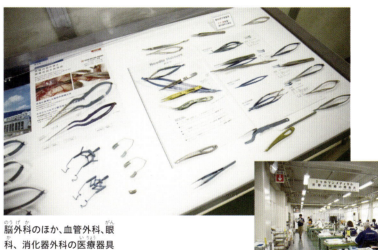

脳外科のほか、血管外科、眼科、消化器外科の医療器具も製造されています。

検品作業では、1本1本、職人の目で見て確認。品質の確保に努めています。

高精度医療器具のできるまで

工程の各所で独自の技術を使用

器具の種類によって工程は異なりますが、基本的にはプレス、切削、接合、表面処理という工程をたどっていきます。

 材料をプレスして大まかな形を作る

加圧部の速度や圧力を変えられるサーボプレスで精度の高いプレス加工を行います。

2 1台で複数工程の切削を行う

1台にさまざまな刃物がつけられる機械で、部材の位置を変えずに精度の高い切削を行います。

3 レーザーを使って接合を行う

シャルマンが大学などと共同で開発したレーザ微細接合技術で接合を行います。

 研磨と必要に応じて表面加工を行う

チタンに最適な研磨剤（成分は企業秘密）を用いて研磨を行い、必要に応じて表面加工します。

開発者インタビュー

本業である眼鏡の開発技術を活かして医療器具でさらに世界に進出したい

取締役 技術担当 専務執行役員　岩堀一夫さん

1978(昭和53)年入社。生産技術、金型、切削の現場などを経て、シャルマンのグループ会社である株式会社ホリカワの代表取締役社長に就任。2010(平成22)年のシャルマンとホリカワの合併を機に現在の仕事に就きました。

Q1 なぜ医療器具の開発を始めたのですか？

従来からチタン加工の技術を活かして医療の分野に進出したいと考えて試行錯誤を繰り返していたのですが、方向性が定まらず、最終製品にたどり着けない状況にありました。そのような時に、福井県出身で白内障手術・屈折矯正手術の第一人者である北里大学の清水公也教授から声をかけていただき、本格的にチタン製の手術器具の開発を始めました。

Q2 開発にはどれくらい時間がかかりましたか？

2009(平成21)年から開発をスタートさせて、1年～1年半ほどで完成しました。その期間の中で、我々の技術は医療器具にも応用ができると確信し、また、医療の分野は今後も広がっていくと考えましたので、さらに力を入れていこうと考えて、2011(平成23)年にメディカル事業部を立ち上げました。

開発・試作では3Dプリンターも活用されています。

Q3 開発中に、海外の市場は意識されていましたか？

本業である眼鏡も7割以上は海外に販売しているので、医療機器を始めるにあたっても世界の市場を視野に入れていました。また、世界的に見ても私たちの会社と同じレベルのチタン加工技術を持つ会社は少ないので、十分に戦っていけるのではないかとも思いましたね。

Q4 製品が完成した時、お客さんからはどのような反応がありましたか？

これまでチタン製の手術器具はあまりなかったので、正直にいうと、支持して下さる先生と否定的な先生がいらっしゃいました。支持して下さった先生からは、手術が早く、効率的にできるというご感想をいただきました。

眼鏡、医療機器の製造で使用するプレスや切削の金型は、すべて社内で製造されています。

Q5 これからも製品をどんどん輸出するために、何が必要ですか？

最初は眼科から始まり、現在は、脳神経外科、血管外科、消化器外科と、診療科の幅も広がり、製品の種類も350種類を超えていますので、今後もさらに幅を拡げて、世界の市場にも進出していきたいと考えています。

世界に飛び立つ「高精度医療器具」

世界最大の見本市に独自ブースで出展

シャルマンでは、国内の展示会はもちろん、アメリカの眼科や脳外科の展示会などで独自のブースで出展。2015（平成27）年からは、毎年11月にドイツで開催されている世界最大の医療機器関連見本市「MEDICA」にも出展し、140件以上の商談依頼を受けるなど、輸出の拡大に向けた活動も精力的に行っています。

食品・モノ編

高精度医療器具／株式会社シャルマン

「高精度医療器具」の主な輸出先

ドイツ
昔は日本のお医者さんもカルテはドイツ語で書いたとおり医学や外科手術の本場です

韓国
すぐお隣の韓国では、使用されるシャルマン製品がどんどん増えています

アメリカ
世界中で最も多くの種類や量の医療器具が使われています

フィリピン
常夏の国では紫外線の影響で目の手術の数も多くなる可能性があります

スペイン
現地で150年くらい前から活動している会社を通じて全国の病院に製品を紹介しています

イタリア
初めて外国の脳外科の先生に届けたのは、ピサの街の病院です

メキシコ
貿易をしやすくする国どうしの取り決めを活用して製品が届けられています

日本と海外 こんなところがちがう！
体格に合わせた器具を開発・製造 脳外科分野で注目を集める

海外で使用する人は、体格が大きい人が多いため、シャルマンの海外向けの製品では器具のサイズを大きくするなどの工夫をして使いやすさを追求しています。一方で、特に脳外科の分野では日本人医師が行った手術が良い結果を残していることが世界的に注目をされていて、日本人医師が開発した手技（手を使ってする技術）、器具にも注目が集まっているそうです。

びっくり！ THE WORLD
できるだけ体を傷つけず、患者さんに優しい手術を

最近では「低侵襲手術」という、なるべく体を切らず、負担が少ない手術の方法が世界中で研究されています。また、どうしても体を切らないといけない手術でも、精密なピンセットなどを使い傷口を小さくすることが可能になっています。

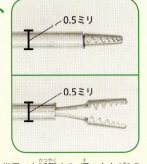

世界でも活躍する、柄の太さが0.5ミリのピンセット。シャープペンシルの芯と同じくらいの太さです。

統計資料 日本から世界へ

「輸出」で見る世界とのつながり

海外の国にモノを販売することを「輸出」といいます。日本はこれまで、どのくらいの金額のモノを輸出し、主にどのような製品を、どのような国に輸出してきたか、解説します。

1 過去55年間の「輸出額」の移り変わり

日本はこれまでどのくらいの金額の製品を輸出してきたのか、グラフで見てみましょう。

日本の輸出額の推移
出典:「財務省貿易統計」

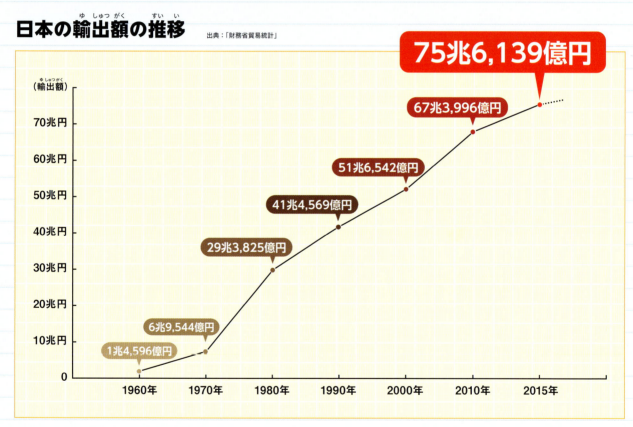

- 1960年 1兆4,596億円
- 1970年 6兆9,544億円
- 1980年 29兆3,825億円
- 1990年 41兆4,569億円
- 2000年 51兆6,542億円
- 2010年 67兆3,996億円
- 2015年 75兆6,139億円

輸出額は55年で約50倍に上昇　高い技術力の製品が海外でも人気

日本の輸出額は、今から50年以上前の1960(昭和35)年当時、約1兆5,000億円でした。輸出額が10兆円を超えたのは1973(昭和48)年です。1981(昭和56)年には、賃金や原材料の価格が上昇し、また日本製品ならではの性能の高さが海外から信用を得て、輸出額は30兆円を突破します。その後も輸出額は基本的には増えていき、2015(平成27)年は約75兆6,000億円でした。

2 過去55年間の「輸出製品」の移り変わり

日本はこれまでどのような分野の製品を輸出してきたのか、年代別ベスト3を見てみましょう。

日本の主な輸出製品ベスト3

出典：1960年～1980年は「経済産業省 日本の商品別輸出構造の推移」、1990年以降は「財務省貿易統計」

年（輸出総額）	1位	2位	3位
1960年（1兆4,596億円）	繊維品 30.2%	機械機器 25.3%（自動車 2.6%）	金属品 13.8%
1970年（6兆9,544億円）	機械機器 46.3%（自動車 6.9%）	金属品 19.7%	繊維品 12.5%
1980年（29兆3,825億円）	機械機器 62.8%（自動車 17.9%）	金属品 16.4%	化学品 6.2%
1990年（41兆4,569億円）	自動車 17.8%	事務用機器 7.2%	半導体等電子部品 4.7%
2000年（51兆6,542億円）	自動車 13.4%	半導体等電子部品 8.9%	事務用機器 6.0%
2010年（67兆3,996億円）	自動車 13.6%	半導体等電子部品 6.2%	鉄鋼 5.5%
2015年（75兆6,139億円）	自動車 15.9%	半導体等電子部品 5.2%	鉄鋼 4.9%

主な輸出製品は繊維品から自動車へ

今から50年以上前の1960（昭和35）年は、「繊維品」が輸出の約3割を占めていましたが、2005（平成17）年では1.4％までシェアを下げました。その一方で、1960年に2.6％だった「自動車」は、2015（平成27）年には15.9％まで伸びています。

3 過去25年間の「輸出相手国」の移り変わり

日本はこれまでどのような国を相手に輸出してきたのか、年代別ベスト3を見てみましょう。

日本の主な輸出相手国ベスト3

出典：「財務省貿易統計」

年	1位	2位	3位
1990年	アメリカ 31.5%（1,356）	ドイツ 6.2%（257）	韓国 6.0%（252）
2000年	アメリカ 29.7%（1,536）	台湾 7.5%（387）	韓国 6.4%（331）
2010年	中国 19.4%（1,309）	アメリカ 15.4%（1,039）	韓国 8.1%（546）
2015年	アメリカ 20.1%（1,522）	中国 17.5%（1,322）	韓国 7.0%（533）

最大の貿易相手はアメリカから中国へ

2008（平成）年20年までは、日本の最大の貿易輸出国はアメリカでした。近年では、景気の落ち込みが少ない中国が1位になることもあり、韓国、台湾も大きな輸出相手のひとつです。

● スタッフ

編集・執筆	株式会社ゴーシュ
	（五島洪、荻野久美子、吉田在、大場まどか）
執筆	小林聖
	東原寛明
デザイン	岡田恵子 (ok design)
	いきデザイン
イラスト	角一葉
図版	梶村ともみ
撮影	秋山泰彦（P30～34）
DTP	但馬園子
	株式会社秀文社

● 資料提供

東和電機製作所／株式会社ニッコー／レオン自動機株式会社／ハードロック工業株式会社／株式会社アタゴ／株式会社あいや／株式会社秋田今野商店／株式会社ミカサ／株式会社白鳳堂／幸和ピンセット工業株式会社／株式会社ミクロ発條／株式会社シャルマン／井村屋グループ株式会社／カイハラ株式会社／株式会社ロッテ／板橋区／葛飾区／北広島町／釧路市／写真AC／東京都立図書館／東大阪市花園ラグビーワールドカップ2019推進室／広島県／フォトライブラリー／めがねミュージアム

● 参考資料

『グローバルニッチトップ企業100選』（経済産業省）、経済産業省ホームページ、財務省ホームページ、『日本のすごいモノづくり』（学研）、『日本の町工場』（双葉社）、『福山市史』

この本に記載されている情報は2016年12月現在のものです。

その町工場から世界へ

2017年1月初版
2017年1月第1刷発行

『その町工場から世界へ』編集室・編

発行者	内田克幸
編　集	吉田明彦
発行所	株式会社 理論社
	〒103-0001　東京都中央区日本橋小伝馬町9-10
電話	営業 03-6264-8890
	編集 03-6264-8891
	URL　http://www.rironsha.com
印刷・製本	図書印刷株式会社

©2017 Rironsha Co., Ltd. Printed in JAPAN
ISBN978-4-652-20179-4　NDC602　A4変型判　28cm 79p
落丁、乱丁本は送料当社負担にてお取り替えいたします。
本書の無断複製（コピー、スキャン、デジタル化等）は著作権法の例外を除き禁じられています。
私的利用を目的とする場合でも、代行業者等の第三者に依頼してスキャンやデジタル化することは認められておりません。